Time Series Analysis

만화로 쉽게 배우는 시계열 분석
저자 / 다카하시 이치로(高橋 威知郎)

BM (주)도서출판 **성안당**
일본 옴사 · 성안당 공동 출간

만화로 쉽게 배우는 **시계열 분석**

Original Japanese Language edition
Manga de Wakaru Jikeiretsu Bunseki
by Ichiro Takahashi, bearo, Office sawa
Copyright © Ichiro Takahashi, bearo, Office sawa 2025
Published by Ohmsha, Ltd.
This Korean Language edition co-published by Ohmsha, Ltd.
and Sung An Dang, Inc.
Copyright © 2025
All rights reserved.

머리말

"데이터를 보면 미래를 알 수 있다는 게 사실인가요?"
이런 의문을 가져본 적 있나요?
매출의 증감, 재고의 흐름, 기온의 변화…… 우리 주변에는 시간에 따라 변화하는 데이터가 넘쳐 납니다. 이것들을 잘 분석하면 미래를 예측하고 최적의 행동을 선택하는 데 도움이 될 수 있습니다. 이것이 바로 시계열 분석이라는 다소 어렵게 느껴질 수도 있는 분야입니다.

그래서 어려운 수식이나 전문 용어는 무리라고 말하는 분들도 많을 것입니다. 이 책은 그런 분들을 위해 탄생했습니다. 만화를 통해 시계열 데이터의 세계를 재미있게 탐험해 봅시다. 작품의 무대는 한 가전제품 제조업체의 단 두 명으로 구성된 데이터 분석팀인 등장인물들과 함께 기초부터 실제 비즈니스 활용까지 체험할 수 있습니다.

"데이터는 재미있어!", "미래를 예측한다는 것이 이런 것이었구나!"라고 느낄 수 있도록 많은 노력을 기울였습니다. 전문 용어는 이미지로 전달하고, 때로는 약간의 웃음도 섞어가며 진행합니다. 책을 다 읽었을 때쯤에는 시계열 분석을 자신의 업무와 일상에 활용하고 싶다는 생각이 들지 않을까요?

또한 이 책에 등장하는 그래프 등의 출력을 위한 Python Notebook과 CSV 파일은 세일즈애널리틱스 사이트(https://www.salesanalytics.co.jp/ts-manga/)에서 무료로 다운로드할 수 있습니다. 직접 작업하면서 이 책의 내용을 직접 체험해 보시기 바랍니다.
마지막으로 집필의 기회를 주신 옴사의 편집국 여러분, 제작을 담당해주신 오피스 sawa의 사와다 사와코 씨, 그림을 담당해주신 베아로 씨, 그리고 이 페이지를 읽고 계신 여러분께도 진심으로 감사드립니다.
자, 그럼 함께 데이터 모험을 시작합시다!

다카하시 이치로

차례

프롤로그　좋지 않은 상황은 데이터 분석으로 개선할 수 있다!? ········· 1

제1장　시계열 데이터의 그래프와 기초 지식　23

1-1 우선 시계열 데이터를 그래프로 그려서 살펴보자 ········· 24
- 시계열 데이터는 시간이 지남에 따라 ········· 25
- 표의 데이터를 그래프로 만들어 보자 ········· 28

1-2 시계열 데이터 분석의 기초 ········· 34
- 계절성 트렌드란? ········· 34
- 3가지 성분으로 분해해 보자 ········· 37
- 잔차 성분은 정상성을 확인하고 모델링 ········· 40
- 원래의 시계열 데이터를 모델링하려면 ········· 45

팔로우 업 ········· 49

제2장　시계열 모델 ARIMA　57

2-1 모델을 만들어보자 ········· 60
- 회귀에 대해 알아두자 ········· 60
- RegARIMA는 회귀도 시계열도 살릴 수 있는 모델 ········· 62

2-2 모델로 광고의 효과를 분석한다 ········· 64
- 모델 구축 후 할 수 있는 일 ········· 64
- 모델의 정확도를 확인하자 ········· 67

- ● 3가지 종류의 광고 효과를 분석해 보자 ·········· 68
- ● 모델의 재검토가 필요한 경우도 있다 ·········· 70
- **팔로우 업** ·········· 74
- **칼럼** 2중합(2중 시그마)의 계산 방법 ·········· 82

제3장 애드스톡 효과의 발견　　83

3-1 애드스톡이라는 개념 ·········· 84
- ● 광고의 효과는 축적되어 간다 ·········· 84
- ● 시간적 차이(래그)를 고려한다 ·········· 87

3-2 개선된 모델로 광고 효과를 분석한다 ·········· 90
- ● 개선된 모델의 정확도를 확인하자 ·········· 91
- ● 개선된 모델로 3가지 광고 효과를 분석해 보자 ·········· 92
- ● 매출 기여도·mROI·비용을 동시에 나타내는 그래프 ·········· 94
- **팔로우 업** ·········· 102
- **칼럼** 정책의 효과 검증과 시계열 인과 추론 ·········· 114

제4장 미래 예측에 도전　　115

4-1 미래 예측을 위해 과거 데이터를 연구한다 ·········· 121
- ● 미래의 실측값 데이터는 존재하지 않는다 ·········· 121
- ● 과거의 데이터를 두 가지로 나눠보자 ·········· 122

4-2 미래의 예측 정확도를 확인하자 ·········· 124
- ● 어느 정도 정확하게 예측할 수 있는가 ·········· 124
- **팔로우 업** ·········· 131

제5장 광고 예산의 최적화 133

5-1 수리 최적화를 통한 또 다른 도전 138
- 광고 투자안의 핵심은 2가지 138
- 수리 최적화의 개념을 좀더 알아보자 143

5-2 최적의 광고 투자안의 해답은 145
- 3가지 광고 미디어에 대한 최적의 예산 비율은? 145
- 광고 집행 시기와 그 양은? 150

팔로우 업 159

칼럼 수리 최적화의 현장 활용법 160

에필로그 161

추가적인 공부를 위해 179
찾아보기 181

prologue ▶▶▶ 프롤로그

좋지 않은 상황은
데이터 분석으로 개선할 수 있다!?

1. 토케이 전기(TOKEI)의 현황과 과제

당사는 냉장고, 세탁기, 에어컨, TV 등 백색가전을 생산하는 가전제품 제조업체입니다. 기술 혁신의 속도와 그에 따른 시장 경쟁의 격화에 직면해 있습니다. 특히 타사와의 경쟁은 날로 치열해지고 있습니다.

이러한 경쟁에서 살아남기 위해서는 효과적이고 효율적인 광고·판촉 활동이 필수적입니다. 그러나 당사는 TV 광고, 웹 광고, 매장 홍보 등 다양한 마케팅 활동을 전개하고 있음에도 불구하고, 이러한 활동의 효과 측정과 예산 배분이 불투명하여 실제 얼마나 효과가 있는지, 최적의 예산 배분은 무엇인지 명확하지 않습니다. 이러한 상황은 자원의 낭비를 초래하고, 결과적으로 경쟁력 저하를 초래하고 있습니다.

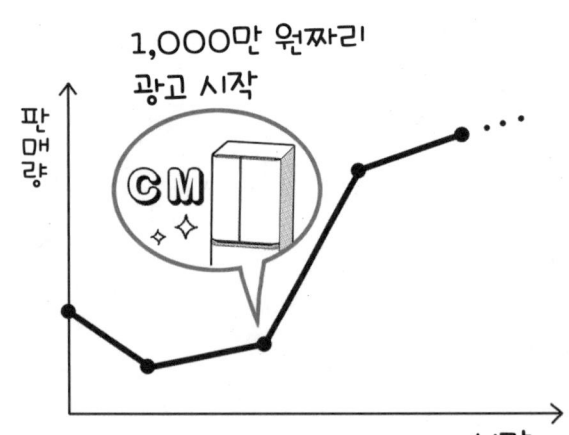

☆**시계열**이란,
'시간 경과의 순서를 나열한다'
라는 의미입니다.

시계열 데이터

시계열 데이터…!!

음… **판매 데이터**는
'몇 월 며칠에, ○○만 원어치 팔렸다'
라는 기록이니까
바로 **시계열 데이터**네요!

…그렇습니다.
그 데이터들은 **어느 기업에나
반드시 있는 친숙한 데이터**이므로
다루기 쉬울 것입니다.

참고로
'시간이 지남에 따라
수집되는 데이터'를
'**시계열 데이터**'라고 합니다.

시계열 데이터의 데이터세트 예

날짜	판매액
2022/4/1	1,177,347
2022/4/2	1,232,251
2022/4/3	1,773,963
2022/4/4	1,036,987
2022/4/5	1,054,017
2022/4/6	1,829,535
2022/4/7	1,469,173
2022/4/8	1,763,110
2022/4/9	1,644,665
2022/4/10	1,923,872
2022/4/11	1,817,232
2022/4/12	1,941,973
2022/4/13	1,513,516
2022/4/14	1,891,485

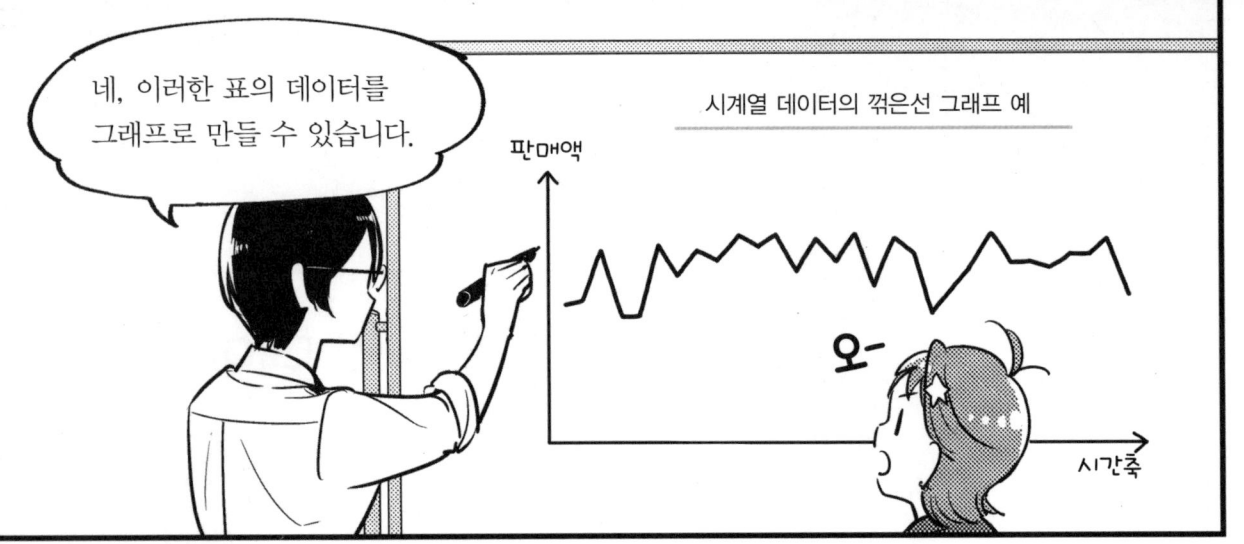

데이터 분석을 배우면, 개인의 경험이나 직관 등에 의존하지 않고 **객관적이고 정확한 미래 예측**을 할 수 있습니다.

그리고 시계열 분석이라면, '시간의 흐름'을 활용한 분석이 가능합니다.

음~?
시간…은 여러 가지가 있죠. 시간대, 일, 주, 월, 몇 년, 몇십 년…

뭐, 가전제품은 **판매 월일이나 계절** 등을 중시하면 좋을지도 모르겠네요.

아! 그건 알겠어요!

예를 들어 '더워지면, **에어컨이 많이 팔린다**'는 것은 실감하고 있습니다.

팔랑 팔랑

1-1 우선 시계열 데이터를 그래프를 그려서 살펴보자

시계열 데이터는 시간이 지남에 따라

먼저, **시계열 데이터**란 시간의 흐름에 따라 기록된 데이터를 말합니다.

예를 들면 홈페이지의 시간당 액세스 수

편의점 상품의 주별 매출

항상 변동하는 주가 추이도 마찬가지입니다.

오! 정말 다양한 데이터가 있을 것 같군요!

하지만 이왕이면… **우리 회사의 실제 매출 데이터를** 분석해보고 싶어요!

그럼 계절의 영향을 쉽게 알 수 있는 **에어컨 매출**을 예로 들어 분석해 볼까요?

I ♥ 토케이

애사정신

탁탁

낙원풍

TOKEI 벽걸이 에어컨

우리 회사의 에어컨은 역시…

낙원풍 시리즈죠~!

아~ 뭐랄까 그런 이름이었네요…

그래서 제 노트북 안에는 에어컨 '낙원풍'의 주별 매출에 관한 데이터 세트가 있습니다.

○ 한 주일이 시작하는 **날짜**
○ 주별 에어컨의 **매출액**
○ 주별 에어컨의 **광고비**(광고비는 3종류)

어? 광고비는 3종류로 나누어져 있나요?

○ 주별 에어컨의 **광고비** (광고비는 3종류)

네. 광고비는 이렇게
'TV 광고',
'인터넷 광고',
'오프라인 광고',
3종류가 있습니다.

3종류

TV 광고 (traditional)

4가지 매체의 매스컴 광고비
(신문, 잡지, 라디오, TV)
이번은 대부분 TV 광고

인터넷 광고 (inernet)

인터넷 광고비
(검색 연동형 광고,
디스플레이 광고,
동영상 광고 등)

오프라인 광고 (promotional)

프로모션 미디어 광고비
(옥외나 교통 광고,
이벤트 전시, 거리 POP 등)

표의 데이터를 그래프로 만들어 보자

에어컨 데이터 세트

변수 설명

변수	설명
week	주의 시작 날짜
sales	에어컨의 주간 매출
traditional	4가지 매스컴 광고비(신문, 잡지, 라디오, TV. 이번은 거의 TV 광고)
internet	인터넷 광고비 (검색 연동형 광고 또는 디스플레이 광고, 동영상 광고 등)
promotional	오프라인 미디어 광고비 (옥외 또는 교통 광고, 이벤트 전시, 점포 앞 POP 등)

데이터 발췌

week	sales	traditional	internet	promotional
2015-12-27	649315000	656100000	0	0
2016-01-03	958266000	0	178050000	188587500
2016-01-10	755973000	0	150450000	162037500
2016-01-17	551603000	0	0	126900000
2016-01-24	520183000	0	175500000	0
2016-01-31	1244258000	426400000	162900000	172950000

⋮ 데이터는 계속됩니다.

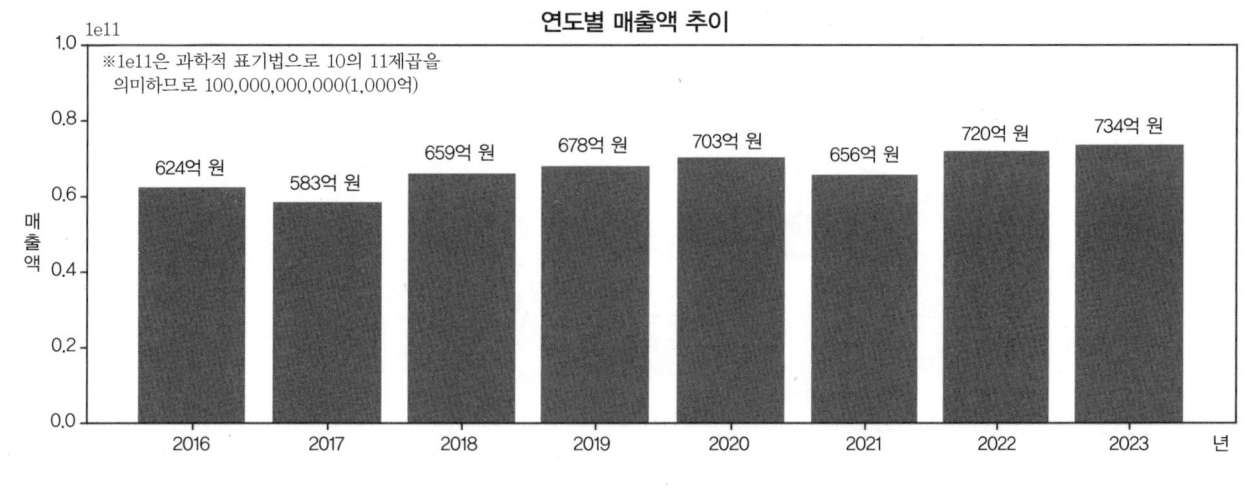

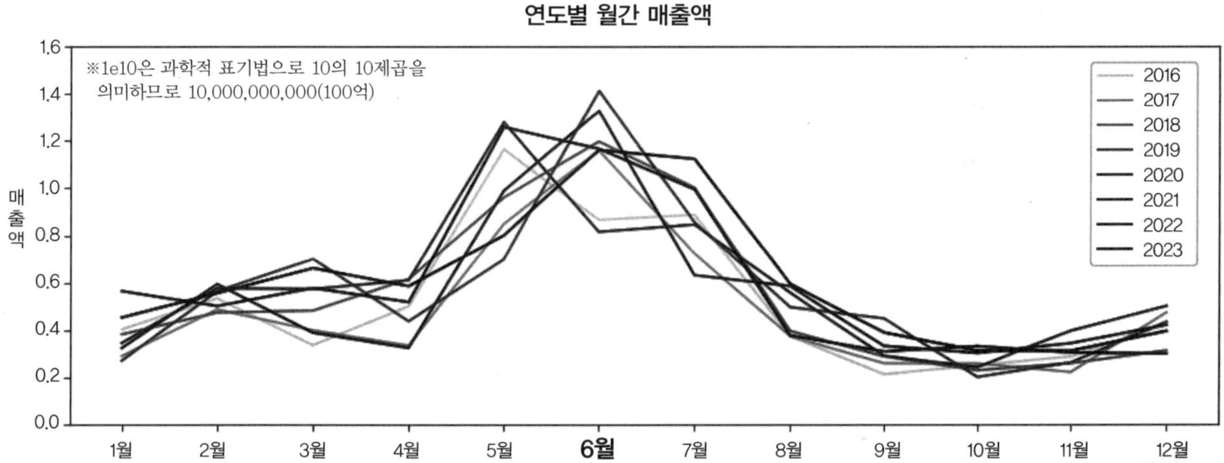

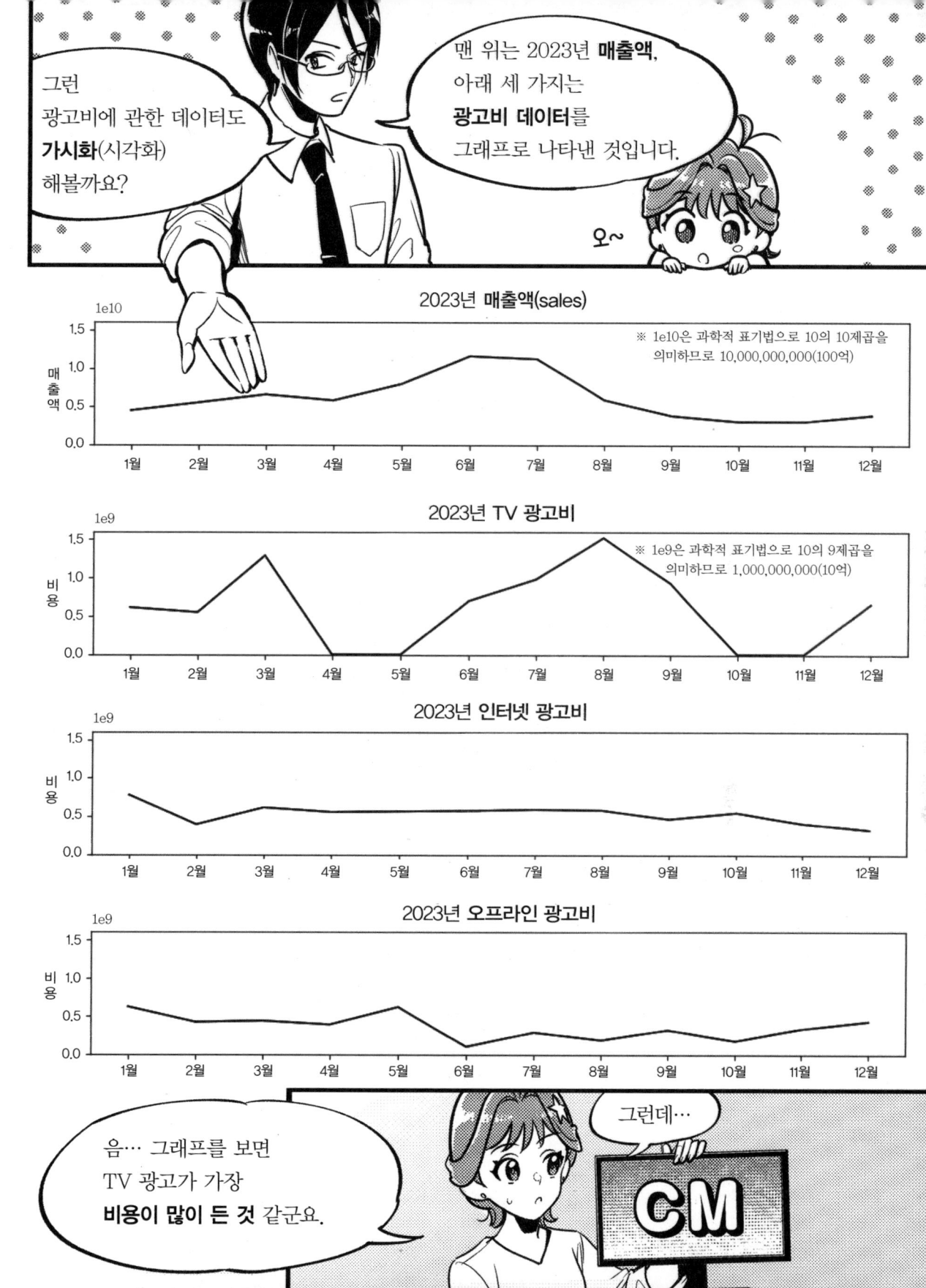

아니, 아니에요!

그렇게 생각하는 것은 정말 성급한 생각!!!
섣부른 판단이에요!

TV 광고 이외의 2가지 광고, 그리고 계절의 영향… 등등…

또한 이 그래프는 '2023년'이라는 단 1년치입니다.

매출은 그 외에도 **다양한 영향**을 받고 있어요.

인터넷 광고
오프라인 광고

이 '의문'을 제대로 풀기 위해서는…
더 많은 데이터를 가지고 보다 깊은 분석이 필요합니다!

불끈
오오-!!

왠지 영태 씨의 표정도 뜨거워졌네요!

윽
그, 그건…

1-2 시계열 데이터 분석의 기초

▼광고 예산 배분이 인터넷 광고로 크게 이동한
'2019년부터 2023년 말까지 5년간의 주 단위 데이터'입니다.

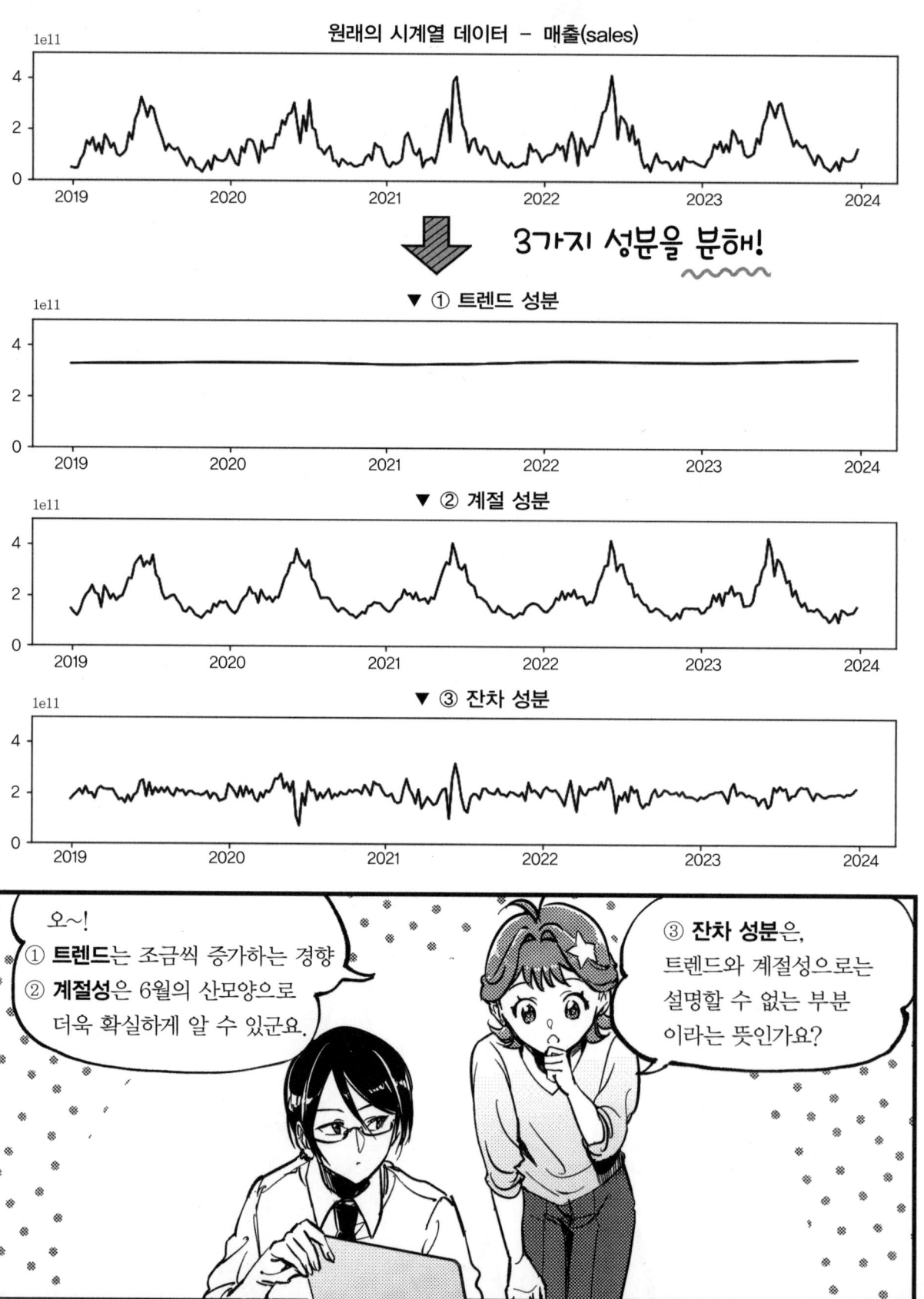

잔차 성분은 정상성을 확인하고 모델링

좋아! 그럼 빨리 ③ **잔차 성분**의 그래프를 잘 살펴봐 주세요!

너무 서두르지 마세요. 우선 **잔차 성분**이 '**정상성**'인지 확인합니다.

좋아요. 정상입니다.

네? 정상성이라면 '일정하고 변화가 없다' 라는 뜻이죠?

이 그래프는 조금 복잡하게 변동하고 있는데요…?

아, 여기서 말하는 정상성이란, **시계열 데이터의 통계적 특성이 시간에 의존하지 않는** 것을 말합니다.

'평균'과 '변동성'에 대해 검토하고 있습니다.
(P.49에서 설명합니다.)

▼ ③ 잔차 성분

정상성

음…??

즉, 통계적으로 보면 여러 가지로 '일정'하다는 것이군요.

왠지 그 **'정상성'**이라는 것이 매우 중요한 것 같아요.

네. 만약 잔차 성분에 정상성이 없는 경우, 과거 데이터의 특성이 시간에 따라 달라지기 때문에 특징을 파악하기 어려워 미래의 **예측도 어려워지는 것입니다…**

특징을 알 수 없다…

현재

과거의 데이터 | 미래

시간

예측이 어렵다…

하지만 잔차 성분이 정상성인 경우 과거 데이터의 특성이 시간에 따라 크게 변하지 않기 때문에 특징을 파악하기 쉽고 **모델 구축도 간단해져서 예측의 안정성과 신뢰성이 높아진다…!** 정말 좋은 일입니다!

꽉

와

네? **모델**…이요?

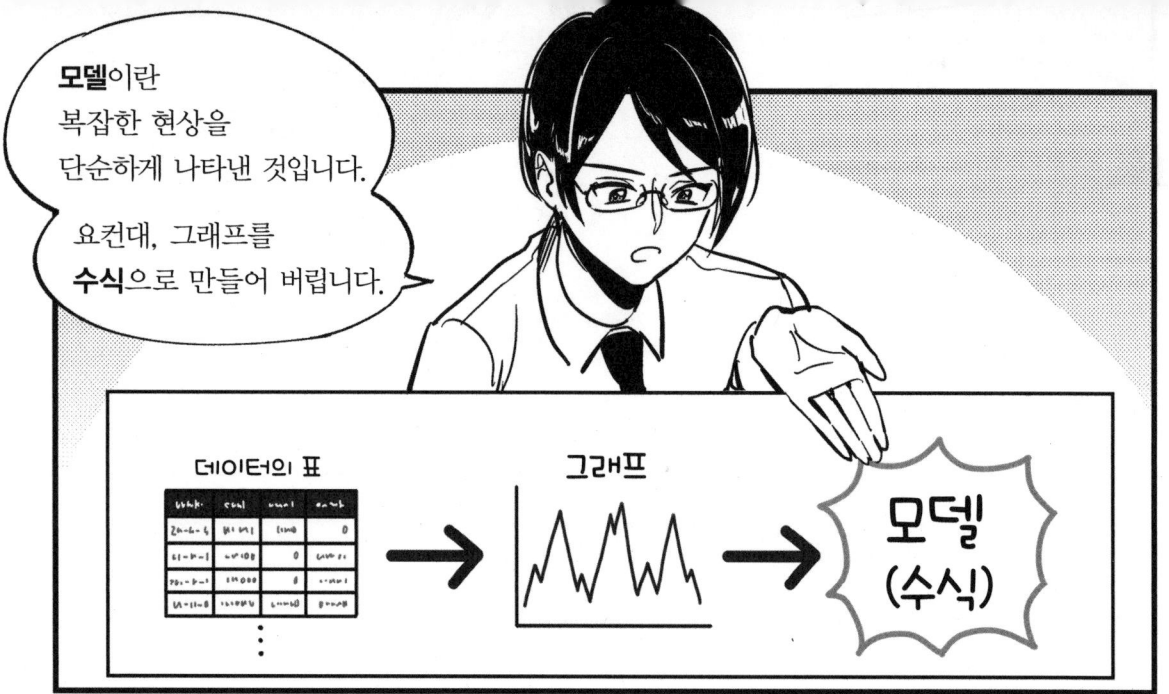

그런 이유로
정상성인 ③ 잔차 성분도
모델링(수식화)합니다.

단, 잔차 성분의 그래프는
일반적으로 복잡한 모양을 하고
있기 때문에
단순한 수식으로는 표현이 어렵습니다.

POINT
정상성(통계적으로 일정)이라도,
파형은 조금씩 복잡하게 변동!

따라서,
정상성인 잔차 성분을 모델링하기 위해서는
'ARMA'와 같은 **시계열 모델**※을 사용합니다.

시계열 모델은 시계열 데이터의 특징을
파악하기 위해 특화된 수식의 형식입니다.

※시계열 모델에는,
ARMA, ARIMA 등
다양한 종류가 있습니다.
P.74에서 설명합니다.

정상성인
잔차 성분

→

ARMA 등
시계열 모델
(수식화)

수학은 잘 못하지만…

PC에게 맡길 수※ 있다면
수식도 두렵지 않아요~!

꽉 ♥

제 PC…
떨어뜨리지
말아주세요.

※시계열 분석이 가능한 소프트웨어와
라이브러리 등의 기능에
수학적 처리를 맡깁니다.

원래의 시계열 데이터를 모델링하려면

그럼, 여기 정리된 내용을 보시기 바랍니다.

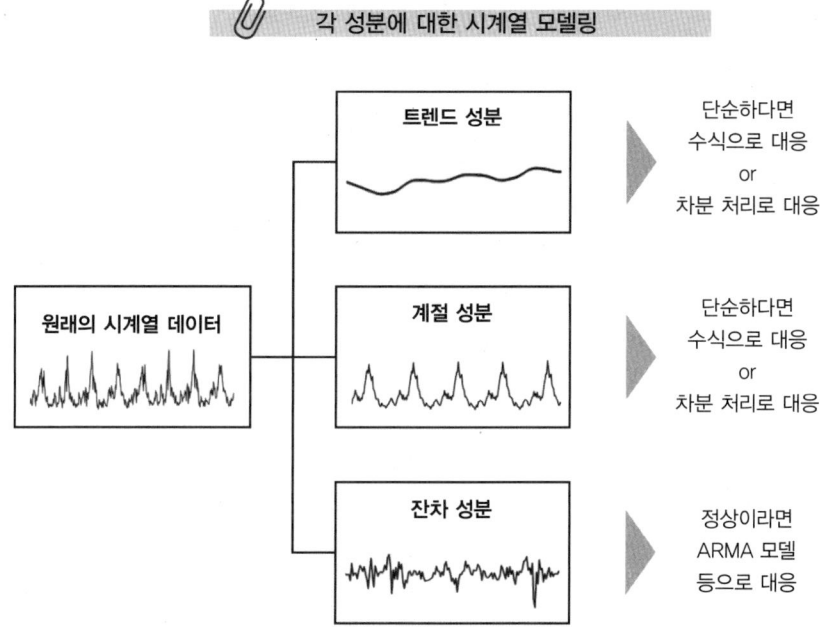

각 성분에 대한 시계열 모델링

- 트렌드 성분 → 단순하다면 수식으로 대응 or 차분 처리로 대응
- 계절 성분 → 단순하다면 수식으로 대응 or 차분 처리로 대응
- 잔차 성분 → 정상이라면 ARMA 모델 등으로 대응

트렌드 성분이나 계절 성분이 단순하다면, 간단한 수식으로 표현하거나 차분 처리(P.52에서 설명)의 방법으로 대응하기도 합니다.

음. 그리고 잔차 성분이 정상성인 경우, 방금 배운 것처럼 ARMA와 같은 **시계열 모델**로 모델링(수식화)하는 거군요.

맞습니다. 이렇게 세 가지 성분에 각각 대응하여 '원래의 시계열 데이터'를 **모델링(수식으로 표현)**할 수 있게 되는 것이죠.

흐음. 그리고 모델(수식)이 되면, 더 다양하고 깊이 있는 분석이 가능하군요.
우리들의 '에어컨 판매 데이터에 대한 시계열 분석'은 순조롭게 진행되고 있는 것입니다. 이대로라면 모든 것이 잘 될 것 같습니다! 해냈어요~!

(긍정적인 마인드가 넘쳐 흐르는군요…)

제 1 장 팔로우 업

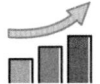 **가장 먼저 해야 할 일**

시계열 데이터를 분석할 때 가장 먼저 해야 할 일은 '데이터에 대한 이해'입니다. 이것은 데이터와의 대화(예: 집계, 그래프화 등)를 통해 데이터 자체를 이해하려는 시도입니다.

구체적으로는 시계열 데이터를 가시화(예: 꺾은선 그래프)하거나, 기간(예: 작년과 올해)별로 평균값을 계산하여 비교하거나, 트렌드 성분과 계절 성분 등으로 분해하거나, 정상성을 검토하는 것입니다.

- **가시화**: 꺾은선 그래프 등으로 시계열 추이를 파악
- **비교**: 연도별 합계값, 평균값 등 기본 통계량 계산 및 비교
- **성분 분해**: 시계열 데이터를 트렌드 성분과 계절 성분, 잔차 성분으로 분해하여 경향을 파악
- **정상성 검토**: 원래의 시계열 데이터를 어떻게 하면 정상이 되는지 분석하고 조정

모두 중요하지만, 그중에서도 가장 이해하기 어렵고 시계열 분석 초보자에게 벽이 되는 것이 '정상성 검토'입니다.

정상성 검토란 '시계열 데이터를 어떻게 조정하면 정상이 되는지'를 파악함으로써 시계열 데이터에 대한 이해를 더 깊게 하거나, 시계열 데이터를 모델링할 때 활용합니다.

따라서 시계열 분석을 할 때 '정상성'은 매우 중요한 개념 중 하나입니다.

 정상성이란 무엇인가?

정상성이란, 시계열 데이터의 통계적 특성이 시간에 의존하지 않는 것을 말합니다. 즉, 평균, 분산, 자기공분산이 시간에 따라 일정하다는 것을 의미합니다.

정상성이 중요한 이유는 많은 시계열 모델이 정상성을 전제로 하고 있기 때문입니다. 비정상적인 데이터에 대해 이러한 모델을 적용하면 잘못된 결과를 도출할 가능성이 있습니다.

따라서 주어진 시계열 데이터가 정상성인지 확인하고, 만약 비정상이면 차분 처리 등을 통해 정상화하는 것이 중요합니다. 이 부분에 대해서는 별도로 설명하겠습니다.

이 '정상성'에도 여러 가지가 있습니다. 주로 '강 정상성'(strong stationarity)과 '약 정상성'(weak stationarity)이 있습니다. 다만, 강 정상성은 가정이 너무 강하고 검증이 매우 어렵기 때문에 현실적이지 않습니다. 따라서 강 정상성은 잘 사용되지 않고, 정상성이라고 하면 '약 정상성'을 가리키는 경우가 많습니다.

이 약 정상성의 가정도 사실 매우 강력한 가정으로, "시계열 데이터가 어떤 '규칙'이나 '패턴'을 따르고 있다면, 시간이 지나도 그 '규칙'이나 '패턴'은 변하지 않는다"는 가정을 둡니다. 구체적으로 다음 세 가지 조건을 만족하는 시계열 데이터를 약 정상성이라고 합니다.

- 조건 1 (평균이 시간 불변): 시계열 데이터의 기댓값(평균)이 모든 시간에 일정
- 조건 2 (분산이 시간 불변): 분산이 모든 시간에 걸쳐 일정
- 조건 3 (자기공분산이 시간 불변): 자기공분산이 시간 간격에만 의존

예를 들어, 1년 내내 어떤 지역의 평균 기온이 매년 거의 비슷하다면(물론 약간의 변동은 있지만), 그 기온 데이터는 '평균이 시간 불변'이라고 할 수 있습니다. 즉, 오랜 시간 동안 보더라도 평균 기온은 크게 변하지 않는다는 것입니다.

'분산'이란, 데이터가 평균값에서 얼마나 떨어져 있는지를 나타내는 값입니다. 예를 들어, 어떤 시험의 점수가 매년 평균 점수가 같더라도, 어떤 해에는 점수의 편차가 크고 다른 해에는 편차가 작은 경우 분산이 일정하지 않습니다. '분산이 시간 불변'이란, 한 해와 다른 해의 데이터 편차가 변하지 않는다는 것을 의미합니다.

'공분산'은 두 데이터 사이에 얼마나 강한 연관성이 있는지를 나타내는 값입니다. 예를 들어, 공부 시간과 시험 점수의 관계 등 한쪽이 증가하면 다른 쪽도 증가(또는 감소)하는 관계를 나타냅니다.

'자기공분산'이란, 시계열 데이터에서 어느 시점의 데이터와 일정 시간 후의 데이터 사이의 공분산을 가리킵니다. 예를 들어, 1월과 4월의 기온의 연관성(시간 간격이 3개월) 강도입니다.

'자기공분산이 시간 불변'이란, 이 자기공분산의 값이 어느 시점을 선택하든 같은 시간 간격이라면 변하지 않는다는 것을 의미합니다. 예를 들어, 1월과 4월의 기온 연관성(시간 간격이 3개월)이 7월과 10월의 기온 연관성(시간 간격이 3개월)과 거의 같다는 뜻입니다. 어느 달을 기점으로 계산해도 시간 간격이 같다면, 자기공분산은 시간에 의존하지 않는다고 할 수 있습니다.

이 정상성 조건을 명백히 만족하지 않는 비정상적인 시계열 데이터의 대표적인 것이 '트렌드'와 '계절성'입니다. 예를 들어, 값이 상승하는 트렌드는 데이터의 평균이 점점 커지는 변화가 일어나고 있기 때문에, 평균이 변하지 않는다는 정상성 조건에 위배됩니다. 우리나라의 기온과 같이 여름에는 높고 겨울에는 낮은 계절성이 있는 시계열 데이터는, 여름과 겨울에 평균 기온이 크게 다르므로 분명히 비정상입니다.

시계열 데이터에 대해 이러한 비정상적인 성분(트렌드, 계절성 등)이 섞여 있지 않은지 확인하고, 만약 발견되면 이를 조정(제거)해 갑니다. 정상이 될 때까지 이 조정을 시도합니다. 물론 조정이 잘 되지 않을 수도 있습니다.

시계열 분석 교과서에 자주 등장하는 '항공기 승객 수(Passengers) 데이터' (1949년부터 1960년까지의 월별 데이터)를 사용하여, 시계열 데이터가 조정되는 과정을 살펴봅시다.

트렌드 조정과 계절 조정을 차례로 수행하면, 다음과 같이 원래의 시계열 데이터에서 트렌드가 사라지고 그리고 계절성이 사라집니다.

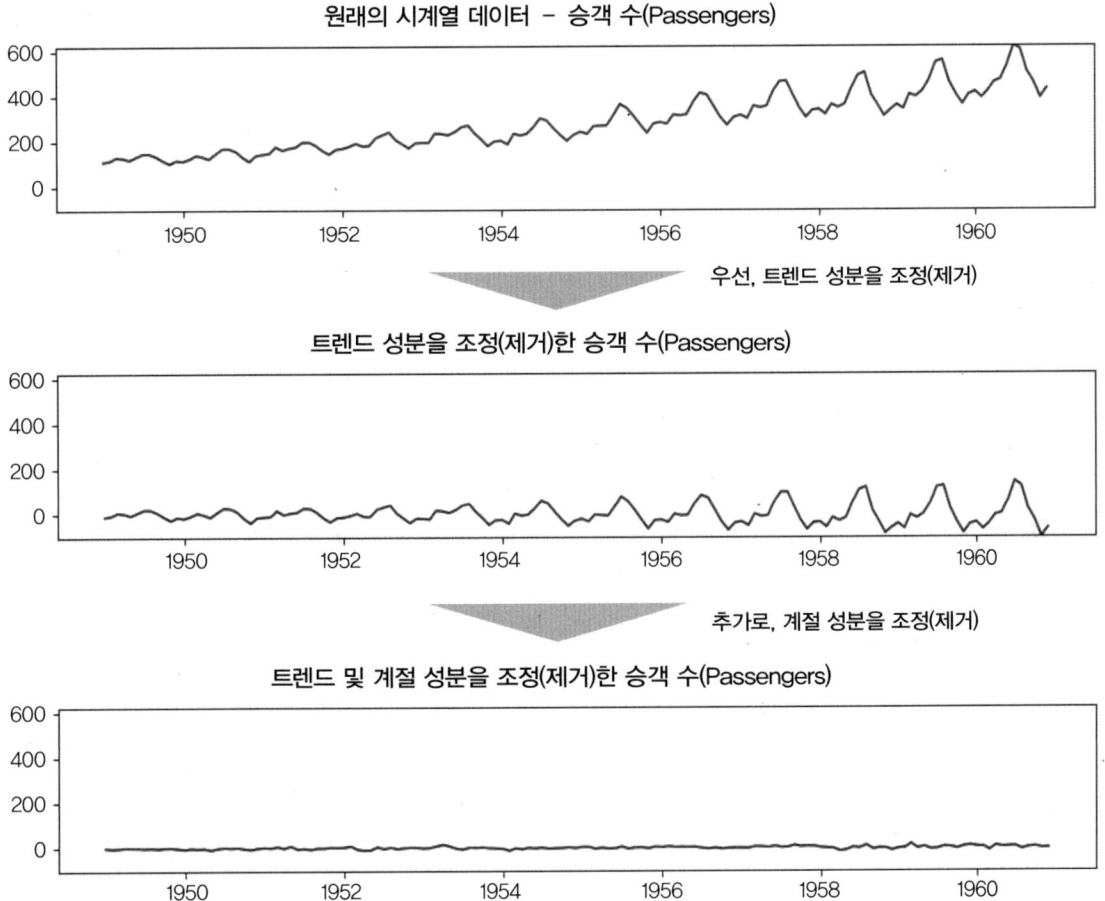

많은 시계열 데이터는 이 '항공기 승객 수(Passengers) 데이터'와 같이 비정상입니다. 앞에서도 언급했지만, 비정상 상태를 만드는 유명한 요인이 '추세'와 '계절성'입니다.

따라서 먼저 트렌드나 계절성이 있는지 확인하고, 만약 있다면 조정합니다. 그리고 조정 후 시계열 데이터가 정상성인 경우 ARMA 모델 등으로 모델링하게 되는데, ARMA 모델에 대해서는 2장에서 설명하겠습니다.

다만, 트렌드나 계절성을 조정해도 정상이 아닌 경우가 있습니다. 이 경우에는 비정상 상태를 유발하는 요인을 찾아 조정하는 정상화의 여정을 계속 진행합니다.

트렌드와 계절성의 조정법

트렌드나 계절성 등을 발견했을 때, 어떻게 조정해야 할까요? 시계열 데이터의 트렌드와 계절성을 조정하는 방법에는 여러 가지가 있습니다. 대표적인 것이 '차분'(차분 처리)하는 방법과 각 성분을 '모델링'(수식으로 표현)하는 방법입니다.

- 차분하는 방법
- 모델링하는 방법

먼저 '차분하는 방법'에 대해 설명합니다.

차분을 하는 것은 시계열 데이터의 연속된 관측값 사이의 차이를 계산하여 트렌드나 계절성 등을 조정하는 기법입니다. 예를 들어, 1차 차분이나 계절 차분이라는 것이 있습니다.

1차 차분은 연속된 관측값 사이의 차이를 구하는 연산입니다. 1차 차분을 통해 시계열 데이터의 트렌드(시간에 따른 연속적인 증가 또는 감소)를 제거할 수 있습니다. 시계열 데이터 X_t에 대한 1차 차분 ΔX_t는 다음과 같이 정의됩니다.

$$\Delta X_t = X_t - X_{t-1}$$

[1차 차분]

계절 차분은 시계열 데이터에서 계절성을 제거하기 위해 사용됩니다. 이것은 일정한 계절 주기 S마다 관측값의 차이를 취하여 계산됩니다. 예를 들어, 월별 데이터에서 연간 주기성을 고려하는 경우, $S=12$라고 가정합니다. 시계열 데이터 X_t에 대한 계절 차분 $\Delta_s X_t$는 다음과 같이 정의됩니다.

$$\Delta_s X_t = X_t - X_{t-s}$$

[계절 차분]

이러한 조정을 통해 시계열 데이터에서 트렌드와 계절성을 제거할 수 있습니다. 이러한 차분 처리를 통해 얻은 조정 후의 시계열 데이터를 차분 계열이라고 합니다. 이 조정 후의 차분 계열이 정상성인 경우, 그 차분 계열을 ARMA 등으로 모델링합니다.

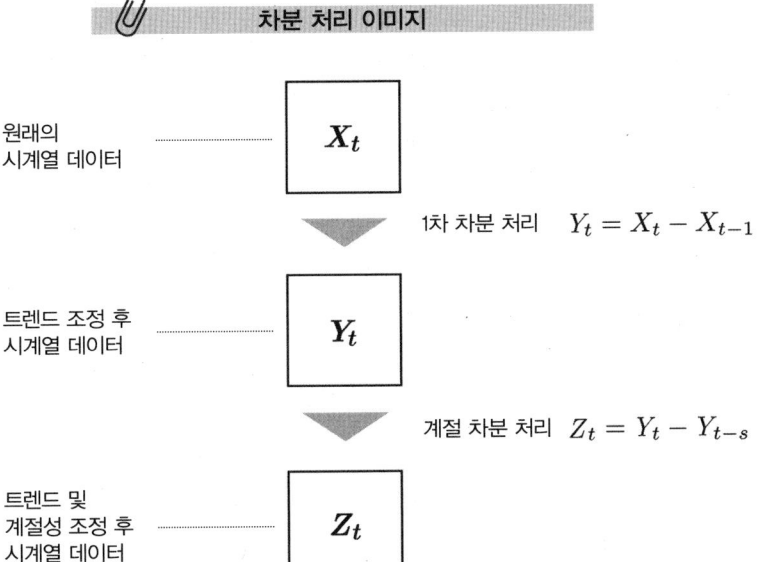

예를 들어, 차분 계열이 정상이므로 ARMA로 모델링했다고 가정합니다. 이때, 이 모델에서 얻은 예측값은 어디까지나 차분 계열의 예측값입니다. 따라서 이 예측값에 대해 차분과는 반대의 처리(평활화)를 수행하여 트렌드와 계절성을 복원하여 원래의 시계열 데이터에 대한 예측값을 구합니다.

다음으로 '모델링하는 방법'에 대해 설명합니다.

모델링이란, 트렌드 성분과 계절 성분 등을 간단한 수식으로 모델링하는 것을 말합니다. 이를 위해 '트렌드 특성량'과 '삼각함수 특성량'이라는 시계열 특성량을 만들어, 이를 설명 변수로 시계열 모델에 포함시킵니다.

트렌드 특성량이란, 트렌드 성분을 표현하기 위한 특성량으로 가장 간단한 것은 다음과 같은 '0, 1, 2 …'과 같은 연속된 번호의 특성량(예를 들어, 변수명은 t)입니다.

트렌드 특성량

date	y	t
2022/4/1	1,177,347	0
2022/4/2	1,232,251	1
2022/4/3	1,773,963	2
2022/4/4	1,036,987	3
2022/4/5	1,054,017	4
2022/4/6	1,829,535	5
2022/4/7	1,469,173	6
2022/4/8	1,763,110	7
2022/4/9	1,644,665	8
2022/4/10	1,923,872	9
2022/4/11	1,817,232	10
2022/4/12	1,941,973	11
2022/4/13	1,513,516	12
2022/4/14	1,891,485	13

선형 트렌드를 표현하려면 이러한 연속된 특성량만으로도 충분하며, 2차식이나 3차식으로 표현하려면 이 변수 t를 2제곱하거나 3제곱한 변수를 만들면 됩니다.

계절성을 표현하는 삼각함수 특성량은 sin이나 cos과 같은 삼각함수를 이용하여 만듭니다. 이제 시계열 데이터 y_t가 있다고 가정해봅시다. 고려하고자 하는 계절성이 M개, 각 계절성의 주기가 p_i($i=1, 2, \cdots, M$), 각 계절성의 sin과 cos의 집합이 K_i개 ($i=1, 2, \cdots, M$), N_t가 계절성 이외의 시계열 성분이라고 가정합니다. a는 상수항, α_{ik}, β_{ik}는 계수로, 학습을 통해 구하는 모델 파라미터입니다. 수식으로 표현하면 다음과 같이 표현할 수 있습니다.

$$y_t = a + \sum_{i=1}^{M} \sum_{k=1}^{K_i} \left[\alpha_{ik} \sin\left(\frac{2\pi kt}{p_i}\right) + \beta_{ik} \cos\left(\frac{2\pi kt}{p_i}\right) \right] + N_t$$

- y_t: 시계열 데이터
- a: 상수항
- α_{ik}: 구하는 계수
- β_{ik}: 구하는 계수
- $\sin\left(\frac{2\pi kt}{p_i}\right)$, $\cos\left(\frac{2\pi kt}{p_i}\right)$: 삼각함수 특성량
- N_t: 계절성 이외의 시계열 성분

> Σ가 두 개 나란히 있는 것은 **2중합(2중 시그마)**이라는 계산입니다. P.82 칼럼에서 2중합(2중 시그마) 계산 방법을 소개하고 있습니다.

$\sin\left(\frac{2\pi kt}{p_i}\right)$ 와 $\cos\left(\frac{2\pi kt}{p_i}\right)$ 가 삼각함수 특성량입니다. 수식을 보면 약간 복잡해 보이지만, 만드는 방법이 명확하기 때문에 기계적으로 이 특성량을 만들 수 있습니다.

여기에서 'sin과 cos은 몇 세트가 필요한가(K_i를 어떻게 정할 것인가)'라는 문제가 있는데, sin과 cos의 세트 수가 적으면 계절성 표현이 거칠어지고, sin과 cos의 세트를 늘리면 세밀한 계절성을 표현할 수 있지만, 쓸데없이 많은 변수가 발생합니다.

이러한 트렌드 특성량이나 삼각함수 특성량으로 트렌드와 계절성을 표현할 수 있습니다. 트렌드 성분이나 계절 성분으로 표현한 부분을 제거한 '나머지'를 '잔차 성분'이라고 부르기도 합니다. 이 잔차 성분은 트렌드와 계절성을 제거(조정)한 시계열 데이터입니다.

방금 설명한 '차분하는 방법'(차분 처리)과 '모델링하는 방법'(수식으로 표현)의 두 가지 방법을 결합하기도 합니다.

예를 들어, 트렌드는 1차 차분, 계절성은 삼각함수 특성량으로 조정하기도 합니다.

 ## 정상성 여부를 확인하는 방법

그렇다면, 시계열 데이터가 정상성인지 아닌지는 어떻게 확인할 수 있을까요? 기본적으로는 그 시계열 데이터를 그래프로 그려서 눈으로 보고 판단하는 방법입니다. 하지만 이 방법은 사람의 감각에 너무 의존하기 때문에 통계적 기법을 활용하면 좋을 것입니다. 그 대표적인 통계 기법이 ADF 검정(확장 디키-풀러 검정)입니다.

ADF 검정은 정상성의 통계적 가설 검정 중 하나로, 단위근이 있는지 여부를 검정하기 때문에 단위근 검정이라고도 합니다.

- **귀무가설**: 비정상성이다(단위근을 가짐)
- **대립가설**: 정상성이다(단위근을 갖지 않음)

통계적 가설검정을 실시하면 p값(p value)이 출력됩니다. 이를 보고 어느 가설을 채택할 것인지 결정합니다.

전통적으로 p값이 0.05보다 작으면 귀무가설을 기각하고 대립가설을 채택합니다. 이번 ADF 검정의 경우, '비정상성이다'라는 귀무가설을 기각하고 '정상성이다'라는 대립가설을 채택합니다. 말은 번거롭지만, 요약하면 '정상성이다'라고 간주한다는 것입니다.

값이 0.05 이상이 되어 귀무가설이 기각되지 않은 경우, 정상성이 아닌 것으로 간주합니다. 그리고 어떤 처리를 통해 정상 상태가 되는 것을 목표로 합니다. 그 처리 방법은 앞서 언급한 '차분하는'(차분 처리) 방법과 '모델링하는'(수식으로 표현하는) 방법이 있습니다.

참고로 단위근을 가진 시계열 데이터를 '단위근 과정'이라고 합니다. 단위근 과정이란, 원래의 시계열 데이터는 비정상이지만, 차이를 취하면 정상성이 되는 시계열 데이터를 말합니다. 요컨대, ADF 검정은 시계열 데이터가 단위근을 가지고 있는지 여부를 통해 시계열 데이터가 비정상성이냐 아니냐를 검정하는 데 사용됩니다.

다음은 에어컨 판매 데이터를 트렌드 성분과 계절 성분, 잔차 성분으로 분해하여 얻은 잔차 성분에 대해 ADF 검정을 실시한 결과입니다.

```
Test Statistic: -11.582227312943896
p-value: 2.9241708544694433e-21
Critical Values: {'1%': -3.455757539868570775, '5%': -2.8727214497041422, '10%': -2.572728476331361}
```

ADF 검정 결과를 해석하기 위해서는 주로 'Test Statistic(검정 통계량)', 'p-value(p값)' 그리고 'Critical Values(임계값)'에 주목해야 합니다. 검정 통계량이 임계값(보통 1%, 5%, 10%의 세 가지 레벨이 출력됨)의 값보다 작으면 귀무가설(비정상·단위근)이 기각되고 정상성으로 판단합니다. 이 경우에는 p값이 매우 작고 검정 통계량이 임계값보다 작기 때문에 이 시계열 데이터(이 경우 잔차 성분)는 정상성으로 간주합니다.

임계값 수준은 1%가 가장 엄격하고 10%가 가장 느슨합니다. 검정 통계량이 1%의 임계값보다 작으면 1% 유의(p값이 1% 미만), 5% 임계값보다 작으면 5% 유의(p값이 5% 미만) 등으로 부릅니다. 유의미한 경우, 귀무가설(비정상·단위근)을 기각하고 정상성으로 판단합니다.

아, 우리 회사가 오늘만큼은 이상하게 회의가 많네요~!

맞아요. 모든 일에 낭비가 많더라고요, 이 회사는…
부글부글…

하지만 우리는 가벼운 소수정예팀 이니까…

후 후후

오늘은 자유롭게 사용할 수 있는 프리 스페이스에서 공부해 봅시다!

참고로 간식은 초코 과자와 슈가 버터 맛의 달콤한 감자칩입니다~♪

짧은 해설 — 회귀분석이란 무엇일까?

예측을 하기 위해서는 '**시계열 분석**' 외에도 '**회귀분석**'이라는 방법이 있습니다.
☆시계열 데이터에 회귀분석을 적용하는 경우도 있습니다.

예를 들어, 빙수 가게를 개점하기 전에 오늘의 빙수 매출을 예측하고 싶을 때…

'**회귀분석**'에서는 매출에 영향을 미치는 요인 【**설명변수**】를 바탕으로, 오늘의 매출 【**목적변수**】를 예측합니다.

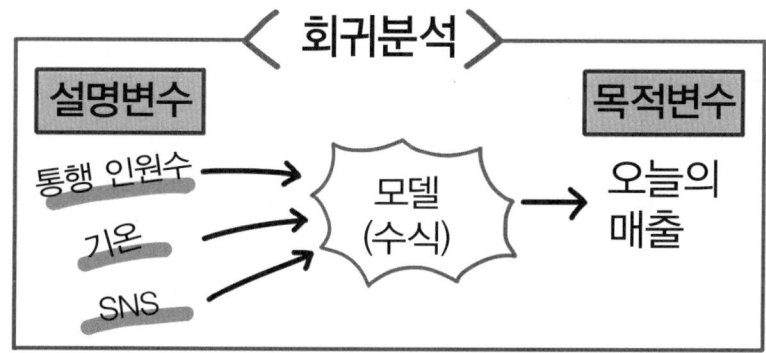

☆ '설명변수', '목적변수'라는 용어는 나중에 또 나올 것이니 기억해두세요!
    이 빙수의 예시에서는, 설명변수가 '통행 인원수', '기온', 'SNS'로 되어 있습니다.

한편 지금까지 배운 '**시계열 분석**'에서는 주로 '**과거의 데이터**'를 사용하여 예측하는 것입니다.

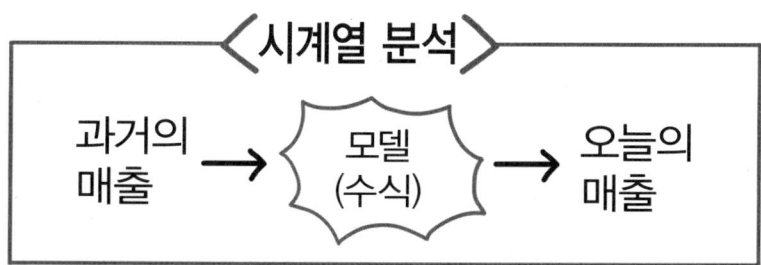

제 2 장 시계열 모델 ARIMA

RegARIMA는 회귀도 시계열도 살릴 수 있는 모델

 오늘은 'RegARIMA'라는 **시계열 모델(수식)**을 만들겠습니다.
RegARIMA란, 선형회귀모델과 대표적인 시계열 모델인 ARIMA※를 결합한 모델입니다.

※시계열 모델에는 'ARIMA'나 'ARMA(1장 P.44에 등장)' 등 다양한 종류가 있습니다. 자세한 내용은 P.74에 정리되어 있습니다.

선형회귀는, 목적변수와 설명변수의 관계가 선형(직선)인 것입니다.

 선형회귀…모델…
아! 방금 전에 '회귀'에 대해 조금 배웠죠.

 네. 이 모델이라면 **'광고 등 외부 요인의 영향'**을 반영할 수 있습니다.

 아까 빙수 가게의 예에서 **【설명변수】**는 '통행 인원수', '기온', 'SNS'였죠?
여러 요인도 괜찮다는 말씀이군요.

다양한 요인

통행 인원수

기온

SNS

네. 그럼 이제부터 RegARIMA 모델을 구축해 보겠습니다.
먼저 선형회귀 모델, 그 다음에는 시계열 모델을 이용해 알아보겠습니다.

우선 처음에는 **선형회귀 모델**을 만듭니다.
목적변수(예측하고자 하는 것)는 '에어컨 매출'이고, 설명변수(영향을 미치는 요인)는 아래와 같이 여러 개가 있습니다.

선형회귀 모델을 만들어보자!

- 목적변수 : 매출(sales)
- 설명변수 :
  - ▶traditional: TV 광고비
  - ▶internet: 인터넷 광고비
  - ▶promotional: 오프라인 광고비
  - ▶트렌드와 계절성을 표현하는 시계열 특성량

※특성량은 데이터의 특징을 나타내는 수치(변수)입니다.

후후.
세 가지 광고비, 그리고 트렌드와 계절성이 에어컨 매출에 영향을 미치고 있다는 거군요. 지난번 스터디에서 다루었던 거죠.

그럼 이제 **시계열 모델**이 등장할 차례입니다.
'선형회귀로는 설명할 수 없었던 매출 패턴'을 ARIMA로 모델링합니다.

설명할 수 없었던 것이라면… 구체적으로는 '3종류의 광고비, 트렌드, 계절성, 그 영향에는 해당되지 않는 매출'이라는 것이죠.
그런 불가사의한 요소도 놓치지 않고 반영할 수 있다니, 대단하네요.

……그래서, 모델 만들기의 상태는 어떻습니까? 잘 될 것 같나요? 두근거려요.

네, 물론이죠. '광고비에 의한 영향'과 '매출의 시계열적 특징'을 동시에 포착한 **정확도 높은 예측 모델**이… 지금 여기에서 탄생했습니다!

오~ 정말 축하드립니다!

2-2 모델로 광고의 효과를 분석한다

모델의 정확도를 확인하자

그럼, 앞에서 설명한 대로 먼저 '모델의 정확도 확인'을 해봅시다.
실측값(actual)이 실선, **예측값**(predicted)이 점선입니다. 자, 보시죠.

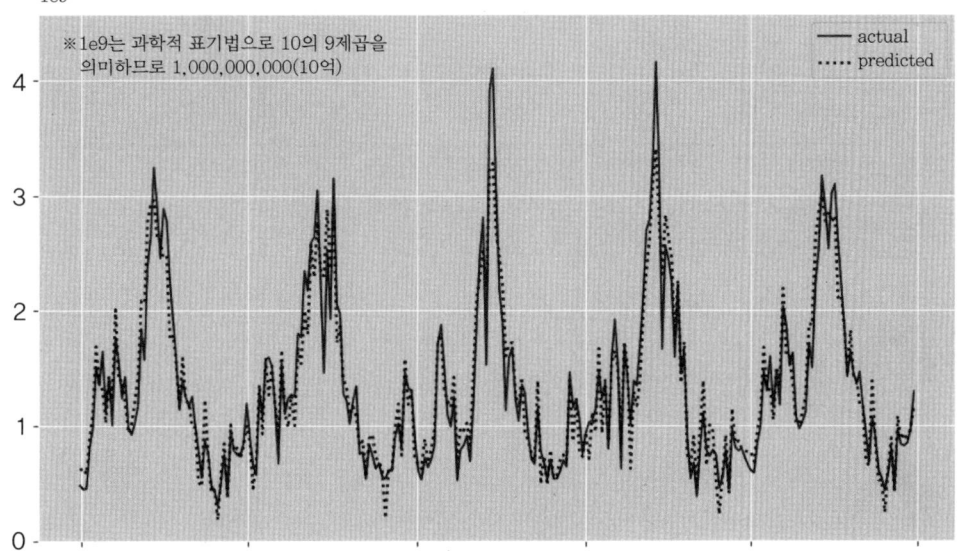

와! 비교적 좋은 느낌인데요? 산의 꼭대기가 실선 뿐이거나, 군데군데 어긋나는 경우도 있지만요. 그래도 제법 일치하는 것 같아요.

음. 이 그래프를 보면 예측값이 실측값의 움직임을 잘 포착하고 있는 것 같네요. 하지만 외형적인 느낌이 아닌 '모델의 성능을 나타내는 지표'로 살펴봅시다.
※ 지표란, 판단하거나 평가하기 위한 기준이나 기호를 말합니다.

모델의 적합도를 나타내는 '**결정계수**'는 0.914로, 1에 가까울수록 좋은 지표라고 할 수 있습니다.
또한 예측 오차의 크기를 나타내는 '**MAPE**'는 13%이며, 이는 0에 가까울수록 좋다고 알려져 있습니다. 오차가 작을수록 정확도가 좋다는 뜻입니다.

음~. 그런 지표로 생각하더라도 꽤 괜찮은 모델이 만들어진 것 같은데요?

네. 개선의 여지는 있지만, 대체로 에어컨 매출을 잘 설명하고 있는 것 같습니다.

3가지 종류의 광고 효과를 분석해 보자

정확한 모델을 만들었다면 '**과거의 분석**'을 할 수 있겠군요!
3종류의 광고에 대해 분석해 봅시다!

네, 그렇습니다. 광고 효과를 계산하는 방법은 두 가지가 있습니다.
'각 광고 매체의 **매출 기여도**'와 '**mROI**(Marketing ROI)'입니다.

'**매출 기여도**'란 '해당 광고 매체가 가져온 매출 증가분에 해당하는 금액'입니다.
다음의 원 그래프는 전체 매출에서 차지하는 비율을 나타낸 것입니다.
Base는 3가지 종류의 광고와 무관한 매출(계절성 등)을 나타냅니다.

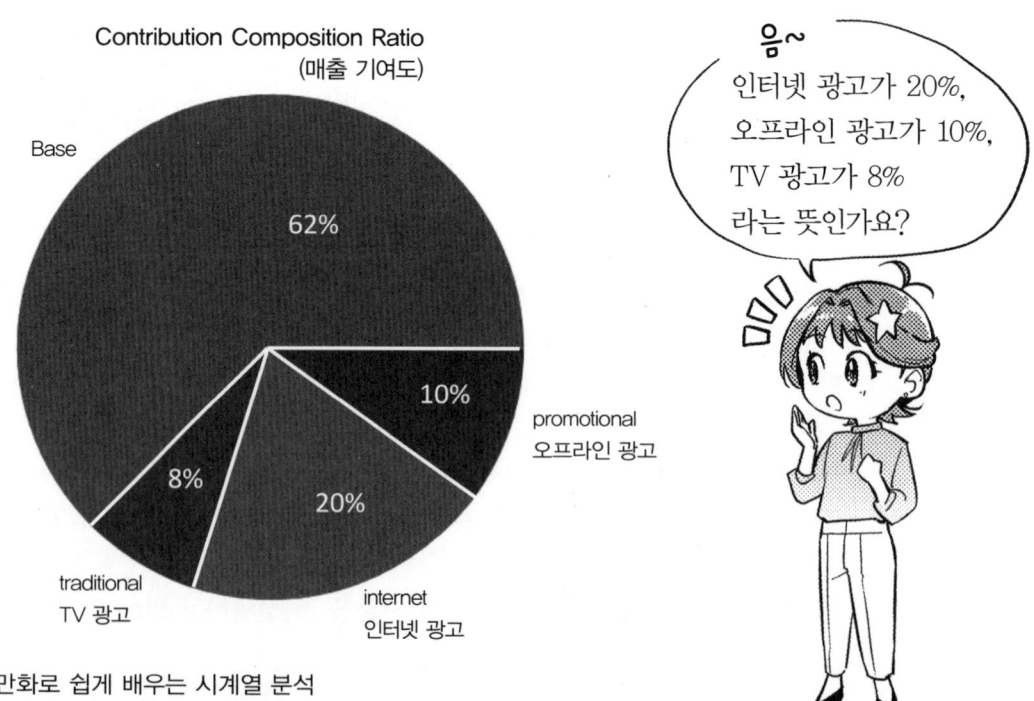

 다음에 'mROI'는 '얼마나 효율적으로 매출을 올렸는지를 나타내는 지표'입니다. 앞에서 말한 '매출 기여도'를 이용하여, (매출 기여도−비용)÷비용으로 계산됩니다.

mROI는 0을 기준(매출 기여도와 비용이 동일)으로 하여 0 이상이어야 하며, 그 값이 클수록 효율적이라고 볼 수 있습니다.

 그렇군요. 예를 들어 매출 기여도가 100만 원, 비용(광고비)이 100만 원이라면 mROI이 0이 되어 효율적이라고 할 수 없겠군요?
만약, 매출 기여도가 100만 원, 비용(광고비)이 50만 원이라면, (100−50)÷50=1이고 mROI는 1이 되는군요.
요컨대, **광고의 비용대비 효과**가 좋은지 나쁜지 알 수 있는 거네요.

 그렇죠. 그럼, 에어컨의 3가지 종류의 광고에 대해서도 mROI를 계산해 봅시다. 그래서 그래프로 나타낸 것이 바로 이것입니다.

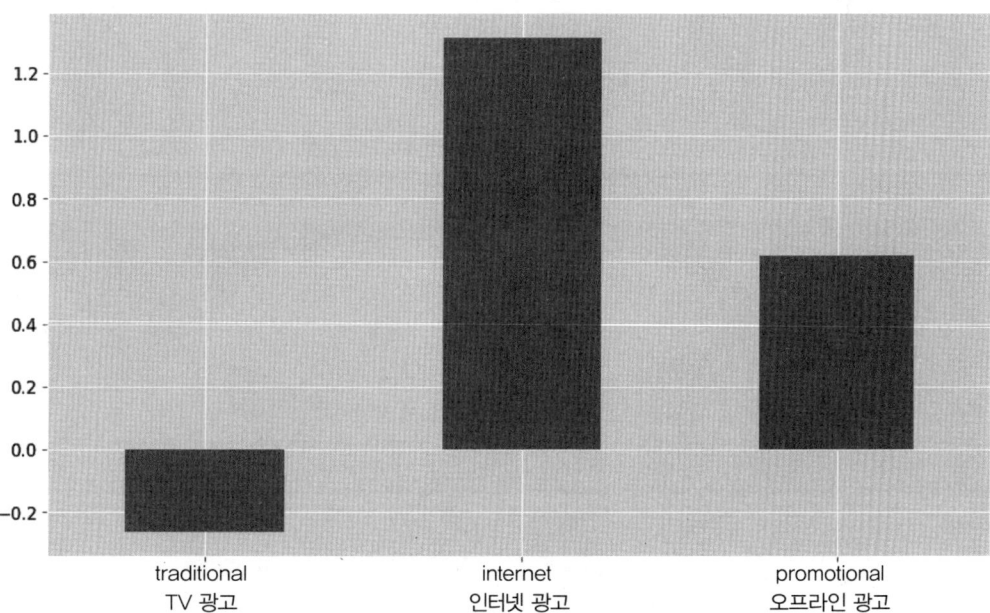

 어! 인터넷 광고(internet)의 효과가 눈에 띄게 높은 것은 직관적으로 알겠는데…. TV 광고(traditional)의 효과가 이렇게 낮을 줄이야….
TV 광고만 mROI가 마이너스가 되어 버렸잖아요!?
으, 으음. 잠깐 생각 좀 해볼게요…. 흐음….

제 2 장　팔로우 업

 **ARIMA 계열 모델**

시계열 분석에서 ARIMA 계열의 모델은 빼놓을 수 없습니다. 가장 대표적이고 실용적인 시계열 모델이기 때문입니다. 대표적인 몇 가지를 소개합니다.

1. AR 모델(AutoRegressive)

현재의 값이 과거의 값에 선형적으로 의존하는 모델입니다. 현재의 값은 과거 기간 값의 가중치 합으로 표현됩니다. AR 모델은 시계열 데이터가 정상성이라는 것을 전제로 하는 모델로 단기적인 의존관계를 파악하는 데 적합합니다.

2. MA 모델(Moving Average)

현재의 값이 과거 기간 오차의 가중치 합으로 표현되는 모델입니다. 오차란, 실제값과 예측값의 차이를 나타냅니다. MA 모델은 시계열 데이터가 정상성이라는 것을 전제로 하는 모델로, 무작위적인 변동을 포착하는 데 적합합니다.

3. ARMA 모델(AutoRegressive Moving Average)

시계열 데이터가 정상성이라는 것을 전제로 하는 모델로, 자기회귀모델(AR)과 이동평균모델(MA)을 결합한 것입니다. 이 모델은 정상성을 가진 시계열 데이터에 적용되며, 단기 예측에 효과적입니다.

4. ARIMA 모델(AutoRegressive Integrated Moving Average)

ARIMA 모델은 비정상성 시계열 데이터에 ARMA 모델을 적용할 수 있도록 한 모델입니다. ARIMA의 'I'(Integrated) 부분은 비정상성 데이터에 대한 차분 처리를 의미하며, 주로 트렌드에 의해 비정상성을 조정합니다. 차분 처리를 통해 비정상성 시계열 데이터를 정상성 데이터로 변환하여 ARMA 모델을 적용합니다.

5. SARIMA 모델(Seasonal ARIMA)

SARIMA 모델은 ARIMA 모델에 계절 성분을 추가한 것으로, 'S'(Seasonal) 부분은 말 그대로 계절성을 의미합니다. 예를 들어, 매년 같은 계절에 나타나는 패턴을 다룰 때 사용됩니다. 트렌드와 계절성을 조정하는 매우 유용한 기능입니다. 그러나 계절 성분이 여러 개인 경우에는 한계가 있습니다.

6. ARIMAX 모델(ARIMA with eXogenous variables)

　ARIMAX 모델은 ARIMA 모델에 설명변수를 추가한 모델입니다. 설명변수란 목적변수(예측하고자 하는 변수)의 변동을 설명하기 위한 변수를 말합니다. 이 모델은 시계열 예측에 다른 변수의 영향을 포함시키고자 할 때 적용됩니다.

　또한, 계절 성분을 삼각함수(sin, cos) 등으로 표현하여 모델링하고 싶은 경우, 삼각함수 특성량을 만들어 설명 변수로 ARIMAX에 포함시키므로써 계절성을 표현할 수 있습니다. 이 경우 계절 성분이 여러 개가 있어도 문제가 없으며, 소수점이 있는 주기(예: 윤년을 고려하여 일 단위의 시계열 데이터 주기를 365.25로 설정)에도 대응 가능합니다.

　또한, 설명변수로 마케팅 정책을 포함하거나 신종 코로나의 영향을 설명변수로 포함시킬 수 있습니다.

7. RegARIMA 모델(Regression with ARIMA errors)

　RegARIMA 모델은 먼저 선형회귀모델을 구축하고 그 잔차에 ARIMA 모델을 적용하는 접근법입니다. 이 모델은 설명변수에 의한 영향을 먼저 제거한 후, 남은 데이터의 패턴이나 구조를 ARIMA로 모델링합니다.

　참고로 선형회귀모델은 목적변수와 설명변수 사이에 선형 관계를 가정하고 그 관계를 수식으로 표현하는 모델입니다. 설명변수의 값에서 목적변수의 값을 예측하기 위해 각 설명변수에 계수를 곱하여 합산하고, 절편을 더한 식을 사용합니다.

　RegARIMA 모델은 설명변수를 도입한다는 점에서 ARIMAX 모델과 유사하지만, 접근 방식이 다릅니다. 이 모델이 계산이 더 간단합니다.

　이 RegARIMA가 이번에 사용할 모델입니다. 단, 이번에는 일반적인 선형회귀모델이 아닌 리지회귀모델(정규항이 있는 선형회귀모델 중 하나)을 사용합니다.

　그 이유는 이번과 같은 마케팅 변수(TV 광고, Newspaper, Web)를 포함할 경우, 비슷한 시기에 마케팅 활동을 활발히 하는 경우가 많아 설명변수들 간의 상관 관계가 높아질 수 있습니다. 이러한 이유로 다중공선성이라고 불리는 선형회귀모델을 구축하는데 좋지 않은 현상(모델 파라미터가 잘 학습되지 않는 현상)이 발생할 수 있기 때문입니다. 이러한 현상을 완화하는 것이 리지회귀모델의 경우 가능합니다. 또한, RegARIMA는 '가성 회귀'라는 시계열 데이터 간의 좋지 않은 현상에도 어느 정도 대응하고 있습니다.

이번에 구축하는 RegARIMA 모델의 이미지

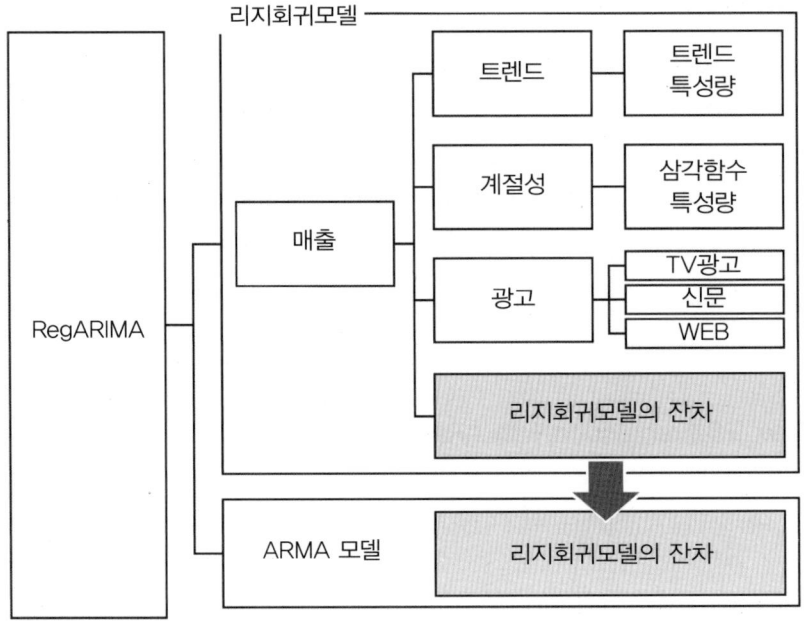

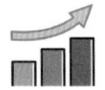 **가성 회귀와 그 대처법**

'가성 회귀(spurious regression)'란 실제로는 관련이 없는 데이터 사이에 마치 통계적으로 의미 있는 관계가 있는 것처럼 보이는 현상을 말합니다. 다음 페이지의 예는, 유명한 아이스크림 지출액과 해변 사고 인원수의 시계열 데이터입니다.

이 가성 회귀분석은 예측 대상인 '목적변수'와 그 목적변수를 설명하기 위해 사용되는 '설명변수' 사이에 거리가 있는 관계성을 발견하게 됩니다.

해변사고 인원수를 목적변수로, 아이스크림 지출액을 설명변수로 한 선형회귀모델을 구축하면 강한 관계가 유도됩니다. 그렇다고 아이스크림이 많이 팔리면 팔릴수록 해변사고가 늘어날 것이라고 생각하지는 않을 것입니다. 여름의 해변사고를 줄이기 위해 아이스크림 판매를 법으로 금지하라고 할 수도 없을 것입니다. 이 경우에는 '계절성이라는 요인'이 아이스크림과 해변사고의 배후에서 가성 회귀를 연출하고 있는 것입니다.

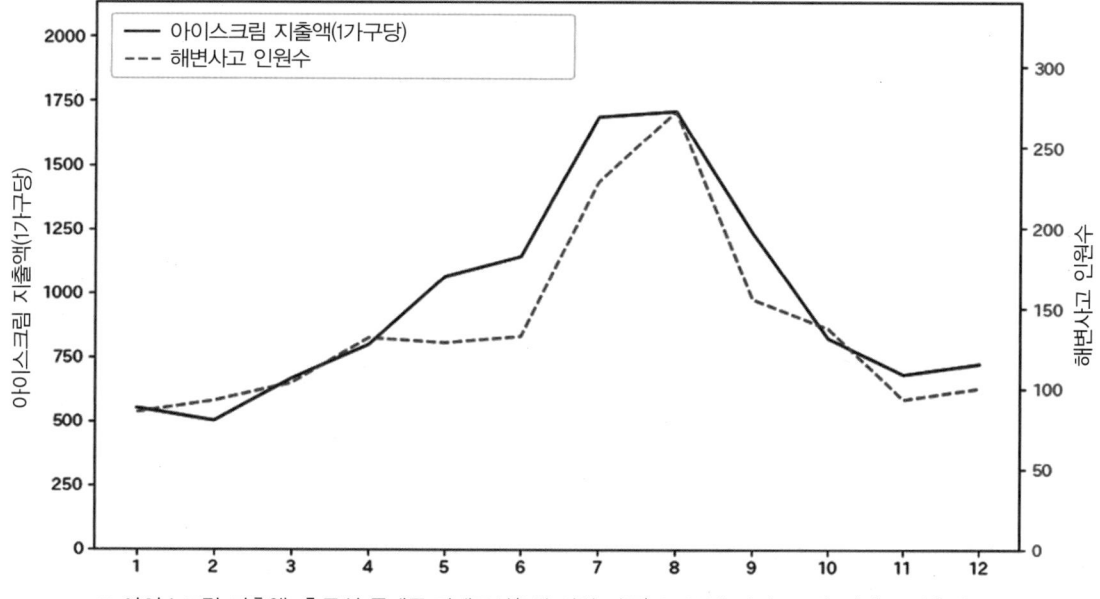

※ 아이스크림 지출액: 총무성 통계국 가계조사(2인 이상 가구) 2023년 아이스크림-샤베트 지출액
※ 해변사고 인원수: 2023년판 해상보안통계연보

    이러한 일은 계절성뿐만 아니라 '트렌드'라는 요인으로 인해 발생하기도 합니다. 상관관계가 없는 2개의 시계열 데이터도 비슷한 트렌드를 가지면 당연히 2개의 시계열 데이터 사이에는 가성 회귀가 나타나게 됩니다. 예를 들어, 2010년부터 2014년까지 스마트폰이 급격히 보급되고, 2010년에 태어난 아이들의 체중도 2010년부터 2014년까지 성장과 함께 해마다 증가했습니다. 요컨대, 이 두 시계열 데이터는 모두 상승 추세를 보입니다. 이때, 2010년에 태어난 아이들의 체중이 증가했기 때문에 스마트폰이 보급되었다고 생각하는 사람은 없을 것입니다.

    이러한 요인을 **교란요인**이라고 합니다. 교란요인을 이해하면 이를 모델에 반영하여 해결하는 경우가 많습니다. 참고로 교란요인은 트렌드나 계절성만 있는 것이 아니기 때문에 주의해야 합니다.

    다만, 시계열 데이터의 가성 회귀분석은 트렌드나 계절성 등의 요인에 의해 발생하는 경우가 많습니다. 따라서 트렌드와 계절성 등을 적절히 고려하는 것은 매우 중요합니다. 더 까다로운 경우도 있습니다. 트렌드나 계절성 등을 적절히 고려하고, 또 다른 교란요인을 찾아내어 고려하더라도 가성 회귀가 발생할 수 있습니다. 예를 들어, 단위근 과정이라고 부르는 비정상 시계열 데이터(P.41에서 설명)의 경우, 가성 회귀가 발생할 가능성이 있는 것으로 알려져 있습니다.

    따라서 먼저 목적변수와 설명변수에 대해 ADF 검정을 실시하여 단위근(비정상) 여부를 확인합니다. 그런 의미에서도 ADF 검정은 매우 중요합니다.

이번 에어컨 시계열 데이터의 경우, 트렌드와 계절성을 조정한 매출(sales)의 시계열 데이터(잔차성분)가 정상이라는 것은 이미 확인했습니다(P.40).

아직 확인하지 않은 것은, 다음 세 가지 마케팅 변수입니다.

- traditional: TV 광고비
- internet: 인터넷 광고비
- promotional: 오프라인 광고비

다음은 이 세 가지 마케팅 변수가 정상인지에 대한 검정 결과입니다.

```
traditional
- Test Statistic: -10.159352311769549
- p-value: 7.579888911588662e-18
- Critical Values: {'1%': -3.455853069292911504, '5%': -2.872764881778665, '10%': -2.572751643088207}
internet
- Test Statistic: -15.681906957312055
- p-value: 1.4691906894548407e-28
- Critical Values: {'1%': -3.4555757539868570775, '5%': -2.8727214497041422, '10%': -2.572728476331361}
promotional
- Test Statistic: -5.297787289153731
- p-value: 5.533738398557567e-06
- 3.457105309726321, '5%': -2.873313676101283, '10%': -2.5730443824681606}
- Critical Values: {'1%': -3.457105309726321, '5%': -2.873313676101283, '10%': -2.5730443824681606}
```

모두 p값이 0.05 미만이므로, 이번에는 정상으로 판단하고 그대로 이용합니다. 만약 정상이 아니라면 차분 처리를 수행하여 정상화합니다. 대부분의 경우 1차차분 또는 계절차분을 1회 실시하면 충분합니다.

1차차분은 해당 마케팅 변수의 변화량을 의미합니다. 예를 들어, 주 단위 데이터라면 지난 주보다 마케팅 비용을 늘린 것이 이번 주 매출에 얼마나 영향을 미쳤는가 하는 것입니다. 계절차분은 작년 대비 변화량을 의미합니다. 예를 들어, 작년 같은 시기보다 마케팅 비용을 늘린 것이 올해 매출에 얼마나 영향을 미쳤는가 하는 것입니다.

이렇게 한 번만 차분처리를 하는 것이라면, 아직은 해석하기 쉽습니다. 하지만 더 많은 차분(예: 차분의 차분)처리를 하게 되면 결과 해석 등이 어려워집니다.

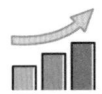 **ARIMA 계열 모델의 하이퍼파라미터 설정**

모델에는 데이터 등으로부터 학습하여 구하는 '모델 파라미터'와 모델을 학습하기 전에 사람 등이 미리 설정하는 '하이퍼파라미터'가 있습니다. ARIMA 계열 모델에도 하이퍼파라미터가 있으며, 그것은 AR, I, MA 등의 차수입니다. 어떻게 설정하면 좋을까요?

하이퍼파라미터는 전통적으로 사람이 직접 시행착오를 거치면서 설정합니다. 그래서 하이퍼파라미터 설정은 경험과 센스가 좌우하는 세계입니다. 하지만 최근에는 경험과 센스에 얽매이지 않고 하이퍼파라미터 조정을 자동화하는 방법들이 많이 개발되고 있는데, ARIMA 계열 모델의 경우 최적의 차수를 탐색하고 찾아내어 구축해주는 자동 ARIMA(Auto ARIMA)라는 알고리즘이 있습니다. 수리통계학의 정보량 기준(예: AIC, BIC, HQIC 등)을 사용하는 경우가 많습니다. 이번에는 이 자동 ARIMA(Auto ARIMA)를 사용하여 모델을 구축하였습니다.

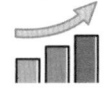 **평가지표**

모델을 구축했다면, 그 좋고 나쁨을 판단하기 위한 평가 지표가 필요합니다. 여기에서는 몇 가지 평가지표에 대해 설명하겠습니다. 가장 많이 사용되는 지표는 오래전부터 통계분석의 세계에서 사용되어 온 지표로, R^2로 표기되는 결정계수입니다.

결정계수에는, 예를 들어 다음과 같은 것들이 있습니다.

- Tarald O. Kvalseth의 8가지 결정계수
- 자유도 조정 결정계수

결정계수는 설명변수 X가 목적변수 y를 얼마나 설명할 수 있는지를 나타내는 지표로 기여율이라고도 합니다.

참고로, 일반적으로 다음과 같은 3가지를 볼 수 있습니다.

- Tarald O. Kvalseth의 8가지 결정계수 중 1번째 결정계수
- Tarald O. Kvalseth의 8가지 결정계수 중 5번째 결정계수
- 자유도 조정 결정계수

> **자주 사용되는 3가지 결정계수**

Tarald O. Kvalseth의 8가지 결정계수 중 1번째 결정계수

표본수 (데이터의 수) — n
예측값 — f_i
실측값 — y_i
실측값의 평균값 — $\bar{y}$

$$1 - \frac{\sum_{i=1}^{n}(y_i - f_i)^2}{\sum_{i=1}^{n}(y_i - \bar{y})^2}$$

Tarald O. Kvalseth의 8가지 결정계수 중 5번째 결정계수

예측값의 평균값 — $\bar{f}$

$$\frac{\left\{\sum_{i=1}^{n}(y_i - \bar{y})(f_i - \bar{f})\right\}^2}{\left\{\sum_{i=1}^{n}(y_i - \bar{y})^2\right\}\left\{\sum_{i=1}^{n}(f_i - \bar{f})^2\right\}}$$

자유도 조정 결정계수

p: 설명변수 X의 개수

$$1 - \frac{\frac{1}{n-p-1}\sum_{i=1}^{n}(y_i - f_i)^2}{\frac{1}{n-1}\sum_{i=1}^{n}(y_i - \bar{y})^2}$$

Tarald O. Kvalseth의 8가지 결정계수 중 1번째는 일반적인 결정계수이며, 5번째는 실측값과 예측값의 상관계수(다중상관계수라고 함)를 제곱한 값입니다.

자유도 조정 결정계수는, 일반적인 결정계수가 설명변수 X의 수가 많을수록 값이 좋아지는 경향이 있기 때문에 설명변수 X와 데이터 양을 고려하여 조정한 결정계수입니다. 통계분석 계열의 데이터 분석 도구를 이용하고 있다면 분석 결과와 함께 출력될 것으로 생각됩니다.

다른 Tarald O. Kvalseth의 8가지 결정계수를 알고 싶다면 Tarald O. Kvalseth의 논문을 참고하기 바랍니다.

예측값과 실측값의 차이를 직접적으로 평가하는 지표도 자주 사용합니다. 예를 들어, 다음과 같은 것들이 있습니다. 모두 값이 작을수록 좋은 것으로 간주됩니다.

- MAPE (평균 절대 백분율 오차)
  MAPE : Mean Absolute Percentage Error

- MAE (평균 절대 오차)
  MAE : Mean Absolute Error

- MSE (평균 제곱 오차)
  MSE : Mean Squared Error

- RMSE (평균 제곱근 오차)
  RMSE : Root Mean Squared Error

 수량예측모델의 평가지표 예

MAPE(평균 절대 백분율 오차)
$$\frac{1}{n}\sum_{i=1}^{n}\left|\frac{y_i - f_i}{y_i}\right|$$

MAE(평균 절대 오차)
$$\frac{1}{n}\sum_{i=1}^{n}|y_i - f_i|$$

※ | |는 절대값입니다.

MSE(평균 제곱 오차)
$$\frac{1}{n}\sum_{i=1}^{n}(y_i - f_i)^2$$

RMSE(평균 제곱근 오차)
$$\sqrt{\frac{1}{n}\sum_{i=1}^{n}(y_i - f_i)^2}$$

2중합(2중 시그마)의 계산 방법

2중합(또는 2중 시그마)은 특정 범위에서 수를 2중으로 모두 더하는 방법입니다.
먼저 안쪽의 합을 계산하고, 그 결과를 바깥쪽의 합으로 더하는 방식입니다.

▼ 시그마 기호(Σ)란?

시그마 기호(Σ)는 합계를 나타내는 기호로, 수열 등을 지정된 범위에서 합산할 때 사용합니다.
예를 들어 $a_1=1$, $a_1=2$, $a_1=3$인 경우 다음과 같습니다.

$$\sum_{k=1}^{3} a_k = (a_1 + a_2 + a_3) = 1 + 2 + 3 = 6$$

▼ 2중합(또는 2중 시그마)

2중합은 안쪽 시그마로 먼저 덧셈을 하고, 그 결과를 바깥쪽 시그마로 합산하는 방식입니다.
예를 들어, 다음과 같이 계산합니다.

$$\sum_{i=1}^{m}\sum_{j=1}^{n} a_{i,j} = \sum_{i=1}^{m}\left(\sum_{j=1}^{n} a_{i,j}\right) = \sum_{i=1}^{m}(a_{i,1} + a_{i,2} + \cdots + a_{i,n})$$

이것은 각 i에 대해 j의 범위(i=1, 2,⋯, n)에서 덧셈을 하고, 그 합을 i의 범위(i=1, 2, ⋯, m)에서 추가로 합산하는 방식입니다.

제 3 장

애드스톡 효과의 발견

3-1 애드스톡이라는 개념

광고의 효과는 축적되어 간다

음~!
옥상의 개방감은 최고~!

영태 씨, 안녕하세요. 일찍 오셨네요.

… 아, 안녕하세요…

!!?? 안 좋은 일 있어요?

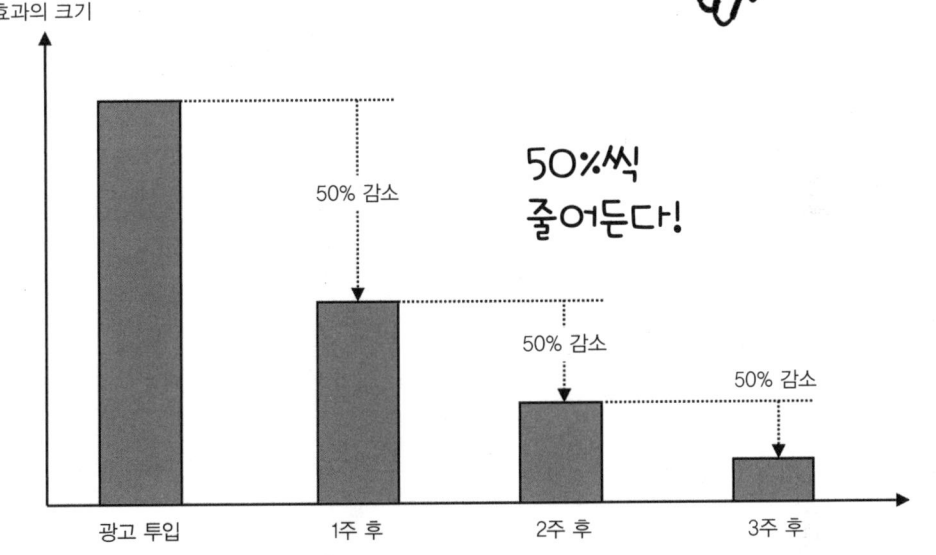

효과의 변화 비율을 50%로 설정한 경우

광고 효과는 시간이 지남에 따라 일정한 비율로 변화(감소)합니다. 그 **변화율을 설정**하여, 과거 광고량에 따라 애드스톡을 계산합니다.

개선된 모델의 정확도를 확인하자

먼저 '**모델의 정확도 확인**'이군요.
예측값(predicted)이 점선, **실측값**(actual)이 실선이었죠?

이번의 꺾은선 그래프는 굉장히 일치하네요~!!
지난번 모델(P.67)과 비교해도 훨씬 좋아진 것을 알 수 있습니다.
매우 정확하게 추세를 포착하고 있군요!

Time series of actual and predicted values(예측값과 실측값의 시계열)

※1e9는 과학적인 표기법으로 10의 9제곱을 의미하므로 1,000,000,000(10억)

네. '모델이 데이터를 얼마나 잘 표현하고 있는가?'를 나타내는 지표인 **결정계수**는 0.997(1에 가까울수록 좋음)입니다.

그리고 '예측값이 실측값과 얼마나 차이가 나는지'를 백분율로 표현한 **MAPE**(평균 절대 백분율 오차, 0에 가까울수록 좋음)는 2.4%입니다.
이 모델의 예측 결과를 보면 문제가 없어 보이네요. 휴.

정말 정확하네요!
애드스톡을 넣는 것으로 모델이 이렇게 잘 맞을 수 있다니 정말 놀랍네요.

그래요. 시간적 차이(래그)를 고려하는 것이 얼마나 중요한지 알 수 있군요.

개선된 모델로 3가지 광고 효과를 분석해 보자

 자, 지금부터는 **광고 효과를 산출**해 봅시다.
애드스톡을 넣으면서 RegARIMA로 만든 개선된 모델을 사용하여 각 주별 광고 매체의 매출 기여도를 계산합니다.
그리고 그 '누적 그래프'를 만들어 보았습니다. 참고로 그래프의 Base(베이스)는 광고와 무관한 매출로 계절성 등을 포함합니다.

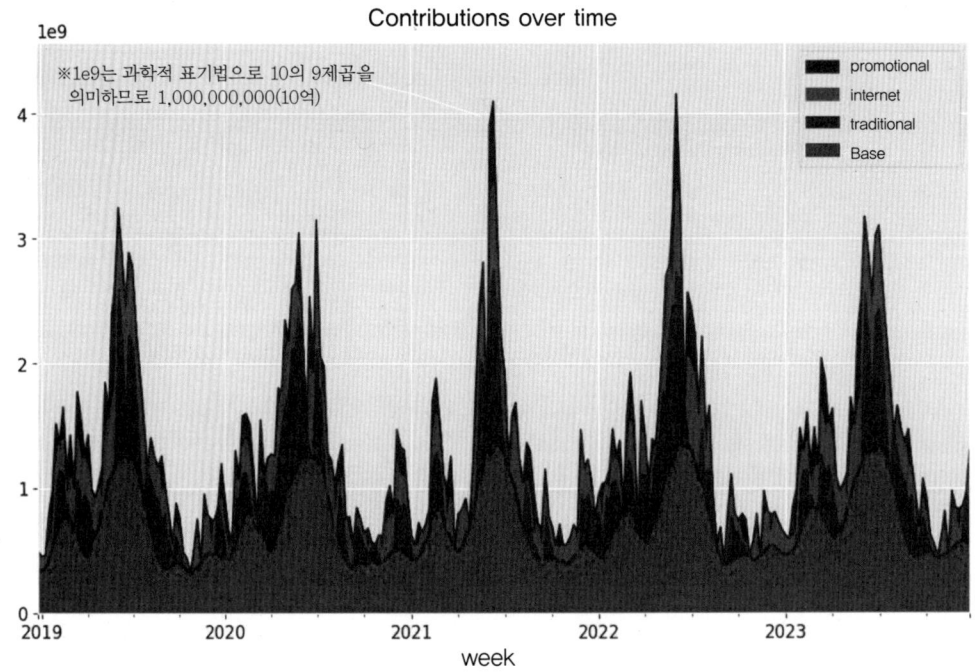

※1e9는 과학적 표기법으로 10의 9제곱을 의미하므로 1,000,000,000(10억)

 음. 이 누적 그래프는 지난번에는 없었는데요.

 그래요. 그럼 다음은….
제가 구한 주간 매출 기여도 결과를 바탕으로 '**광고 매체별 매출 기여도**'를 합산하여 '**전체 매출에서 차지하는 비율**'과 'mROI'를 계산해 보시기 바랍니다.
지난 번에 보여드린 원형 그래프와 막대 그래프가 바로 그것입니다.

 와, 제가요? 하지만 마우스를 조작하는 것만으로도 PC가 멋지게 그래프를 만들어 주었으니… 저도 할 수 있겠죠? 음.
분명히 지난번에는 영태 씨가 이런 식으로 작업을 했었는데…. 앗, 완성했습니다!

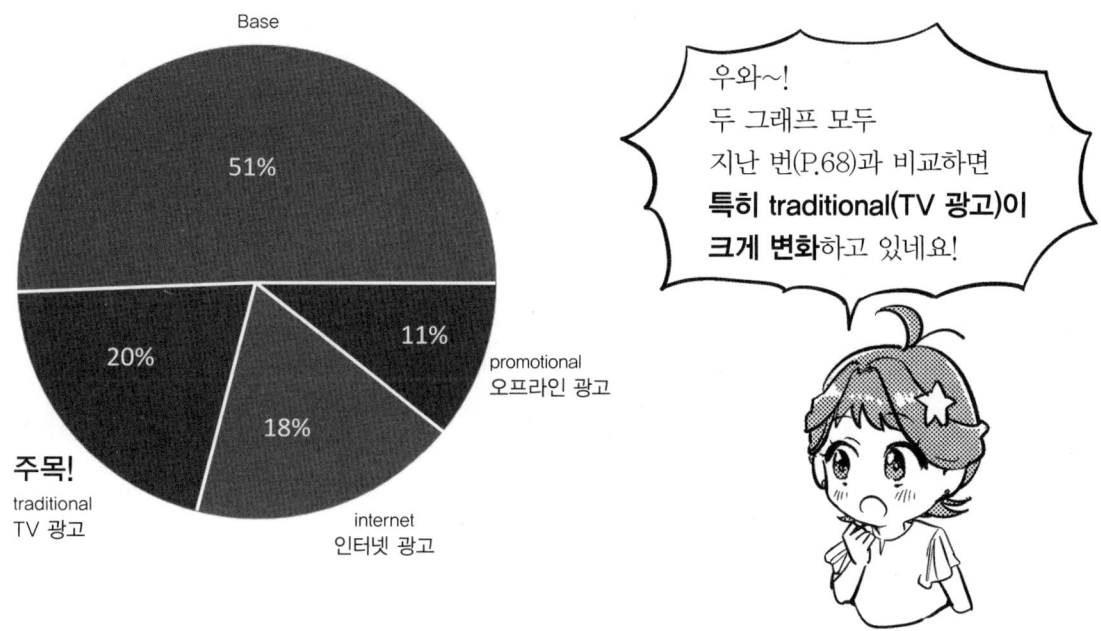

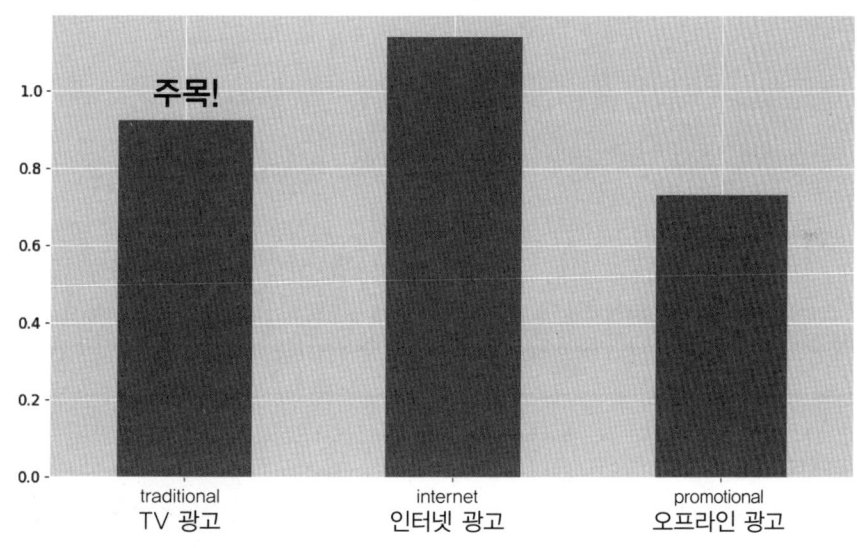

호오. 이건…. 지난번과 비율이 많이 달라졌네요.

네! **traditional(TV 광고)이 크게 변했**어요.
지난번에는 mROI가 마이너스였는데, 이번엔 확실히 플러스로 0.9 이상이에요!
애드스톡을 넣으면 결과가 달라진다는 것을 잘 알 수 있었습니다.
하지만 이 그래프…. 좀 더 유용하게 사용할 수 있지 않을까요? 음….

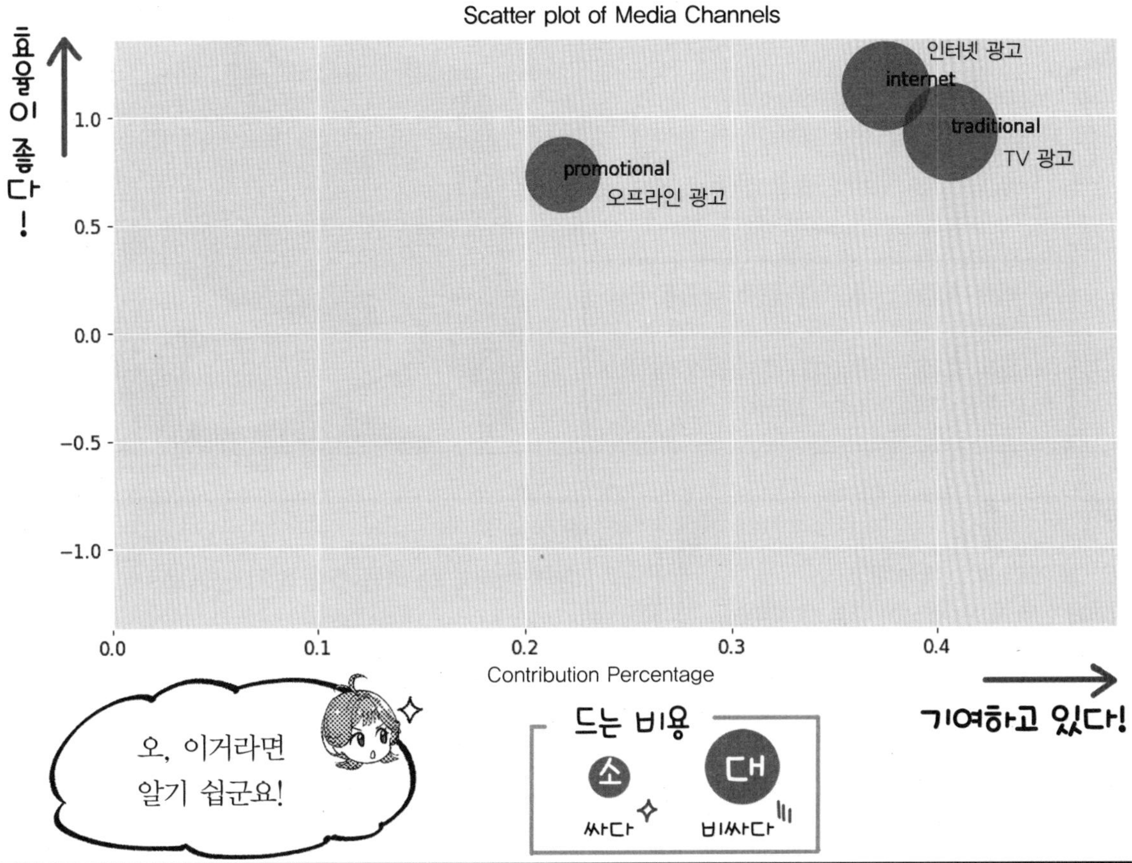

제3장 팔로우 업

 애드스톡(Ad Stock)의 모델링

광고 등에 의한 효과를 모델에 반영할 때, 애드스톡(Ad Stock)을 어떻게 모델링할 것인가 하는 문제가 있습니다.

애드스톡은 이월 효과(Carryover Effect)와 포화 곡선(Saturation Curve)으로 구성되며, 간단한 수식으로 모델링할 수 있습니다. 간단하게 설명하겠습니다.

이월 효과란 해당 광고 매체의 효과가 나중에까지 남아 있는 것을 말합니다. 예를 들어, t 기간에 투입한 광고 매체의 효과가 100이라면, $t+1$ 기간에는 효과가 50이 되고, $t+2$ 기간에는 효과가 25가 되고……, 이런 식입니다.

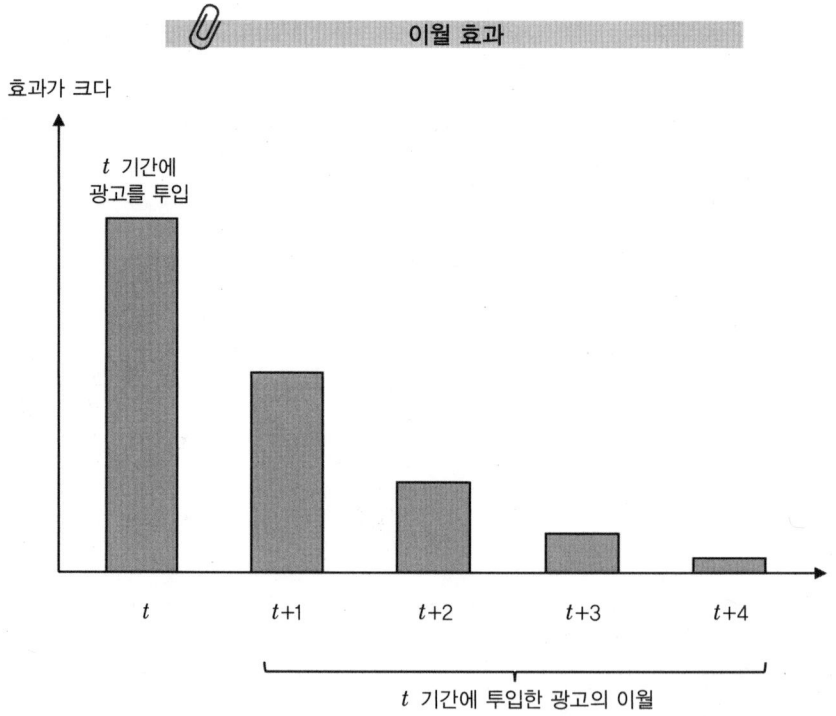

이러한 이월(캐리 오버)은 t 기간 이전 '$t-1$ 기간에 집행한 광고'나 '$t-2$ 기간에 집행한 광고'에도 당연히 발생합니다. 따라서 't 기간의 각 광고 매체의 영향'은 '해당 시기에 투입된 광고 매체만의 영향'뿐만 아니라 '해당 시기 이전 시기에 투입된 광고의 이월 효과의 영향'도 고려해야 합니다. 이것이 애드스톡입니다.

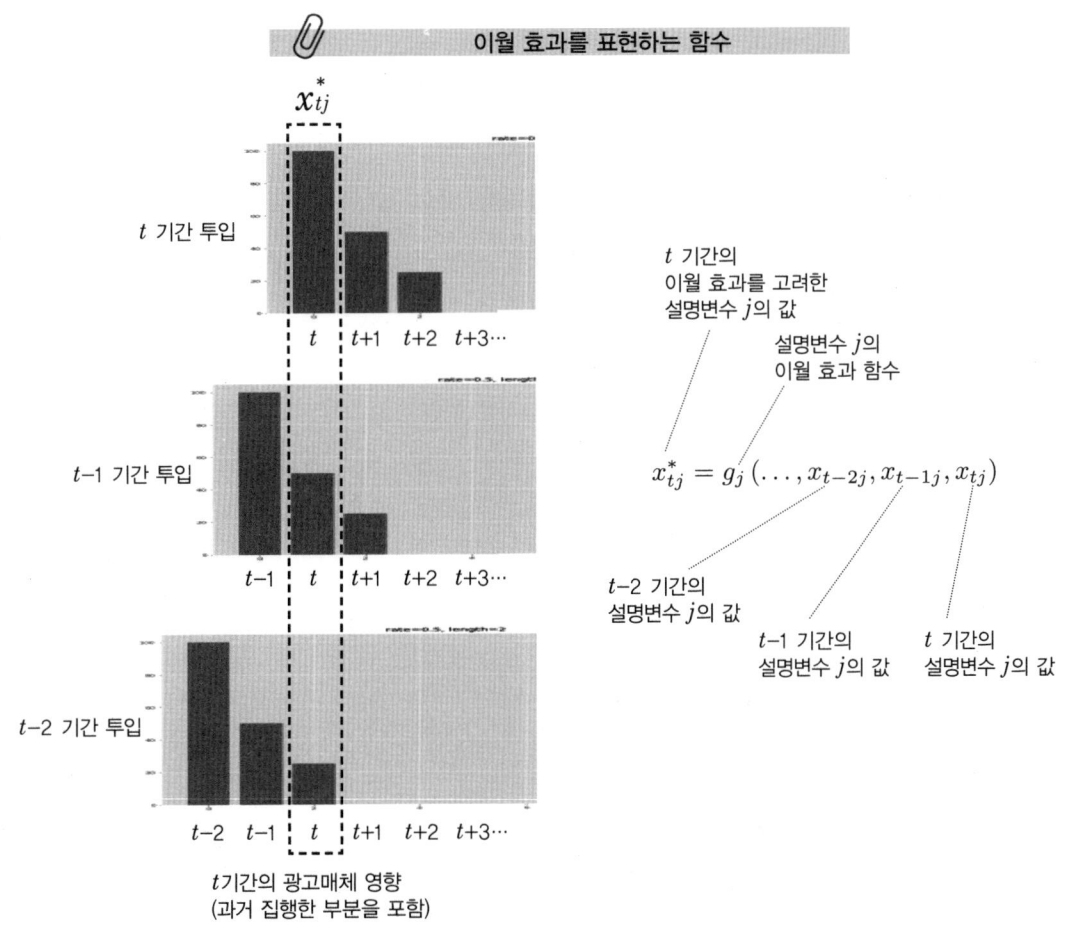

원래 변수의 값에 대해 과거 광고 매체의 영향을 고려한 변수의 값을 '이월 효과를 고려한 설명변수의 값'이라고 부르기로 합니다.

이 '이월 효과를 고려한 설명변수의 값'을 구하기 위해서는 어떤 함수가 필요합니다. 이월 효과를 표현하는 함수입니다.

이월 효과(Carryover Effect)를 표현하는 함수는 여러 종류가 있는데, 다음은 그 중 하나입니다. x_t가 t 기간의 광고 투입량이고, x_t^*는 이월 효과를 고려한 t 기간의 값(이월 효과를 고려한 설명변수의 값)입니다.

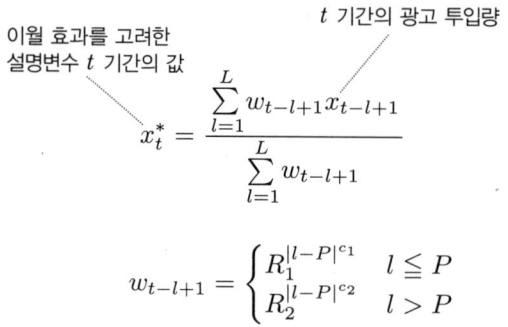

$$x_t^* = \frac{\sum_{l=1}^{L} w_{t-l+1} x_{t-l+1}}{\sum_{l=1}^{L} w_{t-l+1}}$$

$$w_{t-l+1} = \begin{cases} R_1^{|l-P|^{c_1}} & l \leq P \\ R_2^{|l-P|^{c_2}} & l > P \end{cases}$$

다음과 같은 6가지 하이퍼파라미터를 가지고 있습니다.

- L(length) : 효과가 지속되는 기간 ※당월 포함
- P(peak) : 피크 시기 ※광고 등을 집행한 날의 경우 1, 다음 기간은 2 등
- R_1(rate1) : 피크 전의 감쇠율
- R_2(rate2) : 피크 이후 감쇠율
- c_1(c1) : 피크 전의 제곱 지수
- c_2(c2) : 피크 후의 제곱 지수

다음 그래프는 가로축의 1이 광고 투입 시점, 세로축이 2(광고 투입 후 다음 기간)인 예입니다.

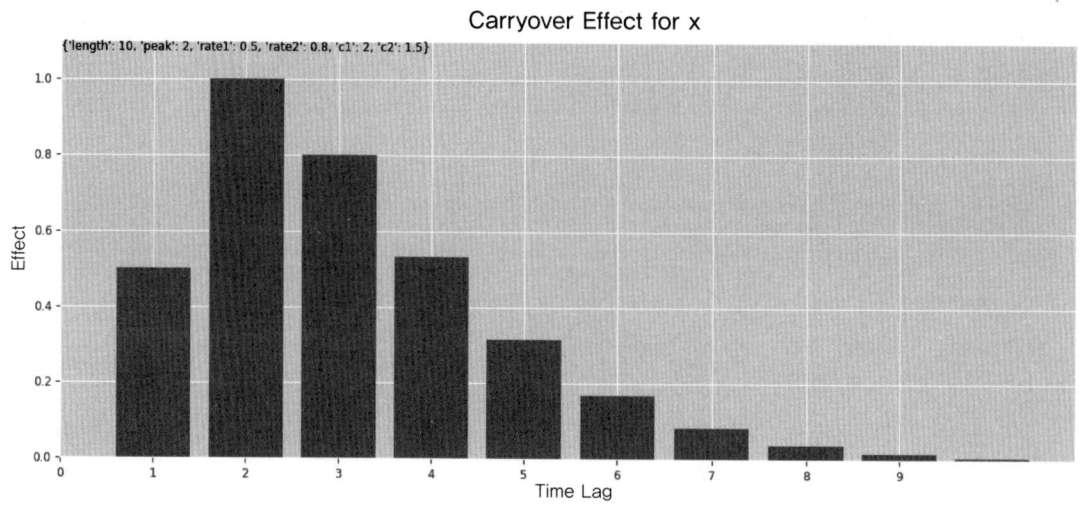

지금 소개한 것은 기하학적 감쇠 모델이라고 하는 것입니다. 기하학적 감쇠 모델에도 다양한 변형이 있으며, 그 외에도 지수 감쇠 모델, 분포 지연 모델, 다항식 감쇠 모델 등 여러 가지가 있습니다. 여기에서는 다루지 않겠지만, 관심이 있으신 분들은 찾아보시기 바랍니다.

광고는 투입하면 할수록 매출은 올라갑니다. 다만 무한정 오르는 것은 아니며, 비용당 매출 상승폭도 일정하지 않습니다. 아무리 많은 비용을 투입해도 매출이 더 이상 늘어나지 않는 포화점이 있습니다. 포화점에 가까워질수록 상승폭은 둔화됩니다. 이것이 포화 곡선입니다. 경제학에서 말하는 수확체감의 법칙이 발생합니다.

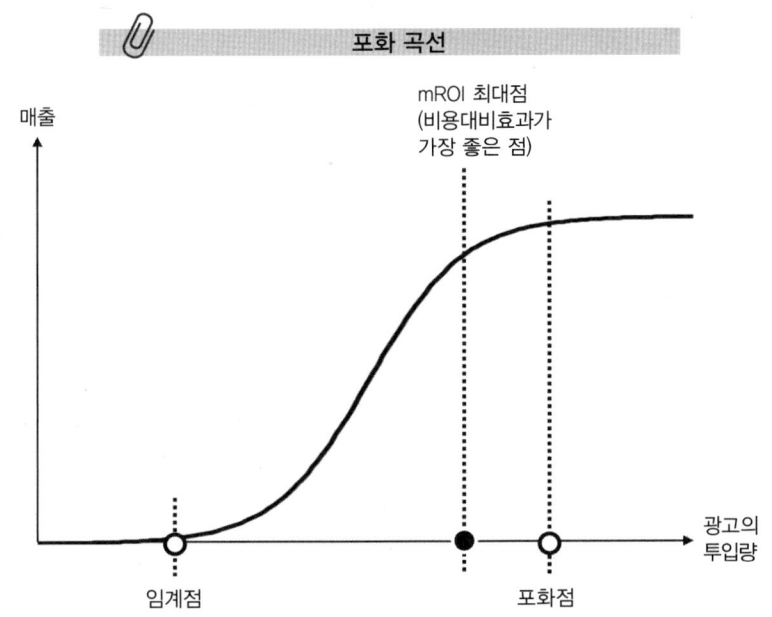

즉, 각 t 기간의 '이월 효과를 고려한 설명변수의 값'에 포화효과를 고려해야 합니다. 이를 위한 함수가 필요합니다. 포화 곡선을 표현하는 함수입니다.

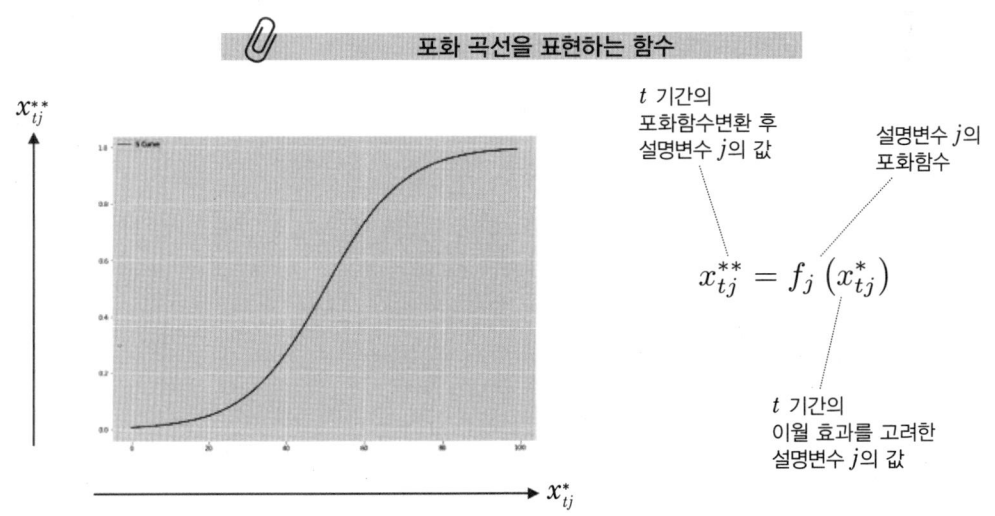

$$x_{tj}^{**} = f_j\left(x_{tj}^*\right)$$

제3장 애드스톡 효과의 발견

포화 곡선(Saturation Curve)을 표현하는 함수는 여러 종류가 있는데, 아래는 그 중 하나입니다. 로지스틱 함수라고 합니다.

$$x_t^{**} = \frac{L}{1 + e^{-k(x_t^* - x_0)}}$$

다음 4개의 하이퍼파라미터를 가집니다.

- L : 상한 파라미터
- k : 형상 파라미터
- x_0 : 위치 파라미터

다음 그래프는 가로축이 광고 투입량, 세로축이 변환 후 값입니다. 이 경우, 순수한 광고 투입량이 아닌 이월 효과를 고려한 광고의 영향력 값(이월 효과를 고려한 설명변수의 값)이 가로축에 위치합니다.

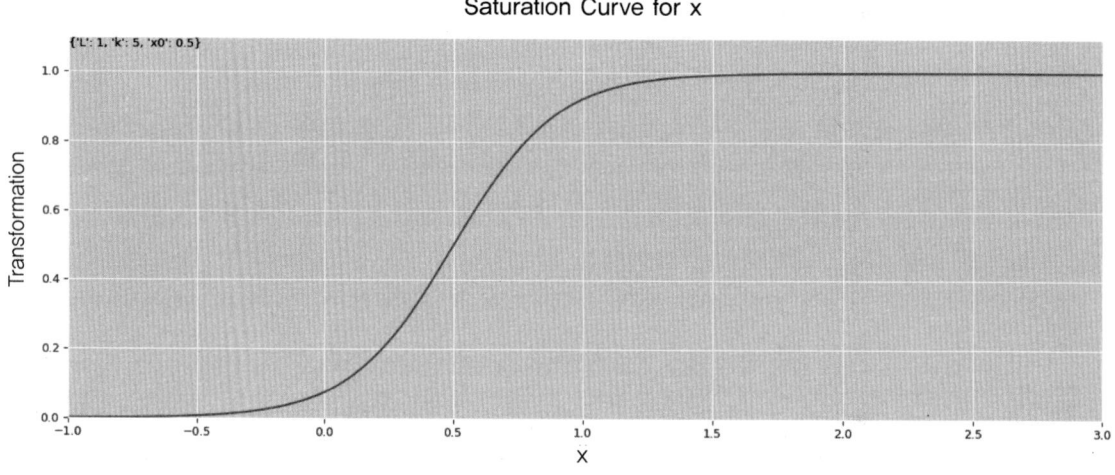

방금 소개한 것은 로지스틱 함수이며, 이 외에도 다양한 함수가 있습니다. 예를 들어, 로그 함수, 지수 함수, 쌍곡선 접선 함수, 역접선 함수, 곤펠츠 함수, 힐 함수, 와이블 함수, 채프만 함수, 볼츠만 함수 등이 있습니다. 여기에서는 소개하지 않지만, 관심 있는 분들은 찾아보고 활용해보시기 바랍니다.

정리하면, 각 광고 매체의 비용 데이터에 대해 이월 효과의 함수와 포화 곡선의 함수를 사용하여 변환한 것을 사용하여 RegARIMA 모델로 구축해 나갑니다.

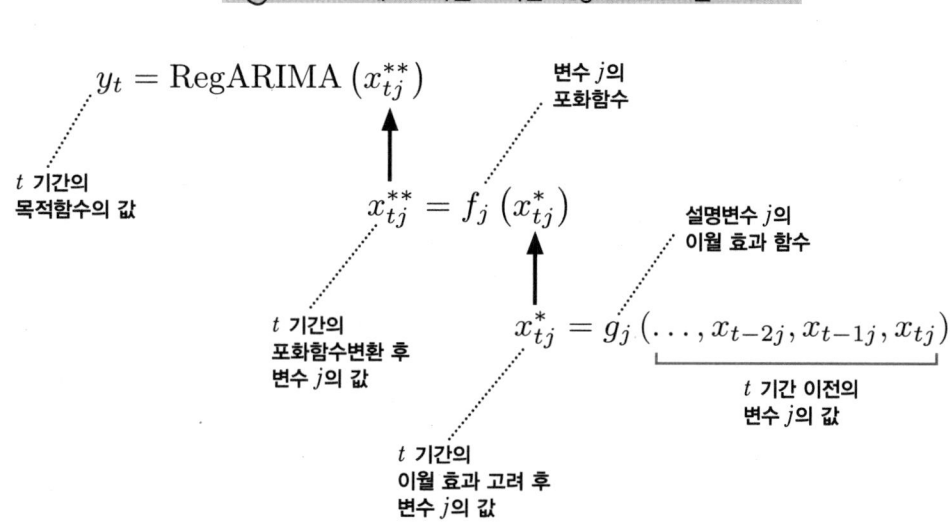

많은 이월 효과와 포화 곡선을 표현하는 함수에는 몇 가지 하이퍼파라미터들이 있습니다. 현장의 의견을 바탕으로 광고 매체별로 데이터를 보고 검토할 필요가 있습니다. 그러나 그조차도 알 수 없는 경우도 있을 것입니다. 이럴 때 데이터에서 하이퍼파라미터 값의 후보를 찾아낼 수 있습니다.

이번에 구축한 RegARIMA 모델은 이러한 하이퍼파라미터의 값을 베이즈 최적화 접근법이라고 부르는 방법으로 테이터에서 구하고 있습니다. 매우 편리하고 간편하지만, 데이터에서 구한 하이퍼파라미터 값을 최종적으로 사람의 눈으로 봤을 때 위화감이 없는지 확인합니다.

이번에 구한 매체별 애드스톡

이번에 구축한 RegARIMA 모델의 애드스톡을 표현하는 각 광고 매체의 이월 효과(Carryover Effect)와 포화 곡선(Saturation Curve)은 어떨까요?

그래프를 통해 설명해 보겠습니다. 이월 효과(Carryover Effect) 그래프는 가로축의 1이 광고를 집행한 시점, 2 이후는 다음 기간, 다다음 기간, …을 나타내며, 세로축은 최대 효과를 발휘하는 시점을 1로 설정했습니다. 포화 곡선(Saturation Curve) 그래프는 가로축의 1은 과거 데이터의 최대 광고 투입량을 의미하며, 세로축은 변환 후의 수치를 나타냅니다.

다음은 데이터에서 구한 TV 광고(traditional)의 이월 효과와 포화 곡선 그래프입니다. 참고로 여기에서는 매스컴의 4개 매체의 광고비(traditional)가 거의 TV 광고 비용이기 때문에 'TV 광고'로 표현했습니다.

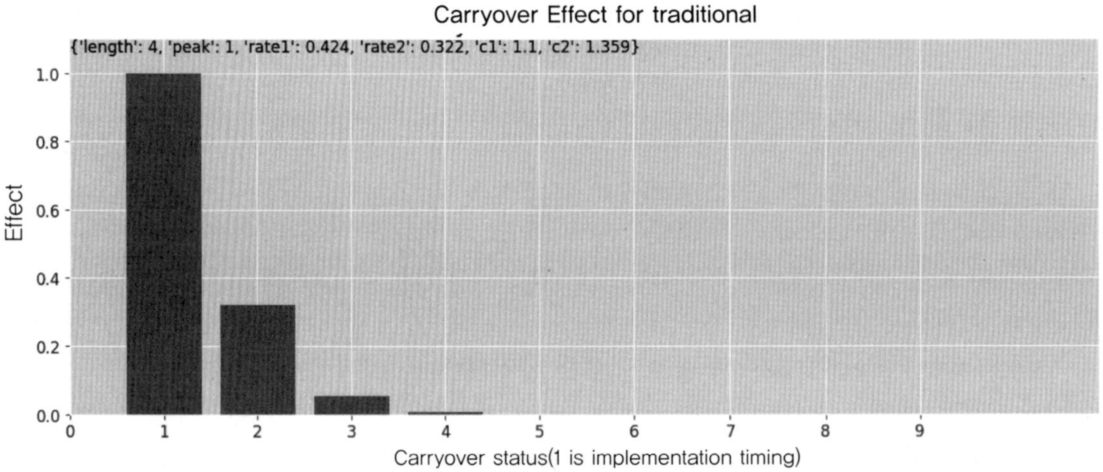

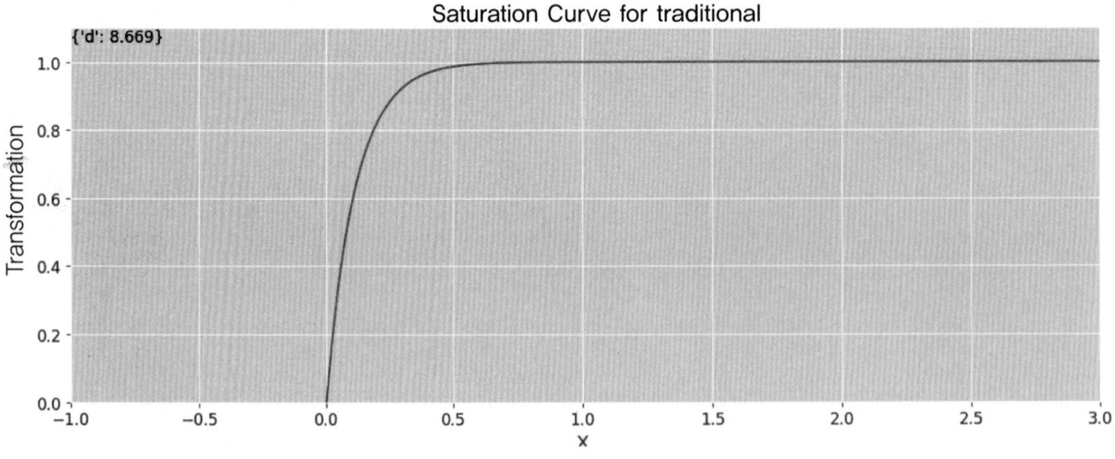

이 결과를 통해 TV 광고(traditional)의 효과는 4주간(약 1개월) 지속되며, 광고를 집행한 주에 가장 큰 효과를 가져오는 것을 알 수 있습니다. 포화 곡선을 보면, 과거 최대 광고 집행량(그래프의 가로축 X=1이 최대 집행량)은 포화점을 넘어서고 있기 때문에, 집행량이 너무 많아 효과가 나타나지 않는 시기가 있음을 알 수 있습니다. 다른 주에 광고 집행량을 할당하거나 다른 광고 매체에 할당하는 것이 좋을 것입니다.

다음은 데이터로부터 구한 인터넷 광고(internet)의 이월 효과와 포화 곡선 그래프입니다.

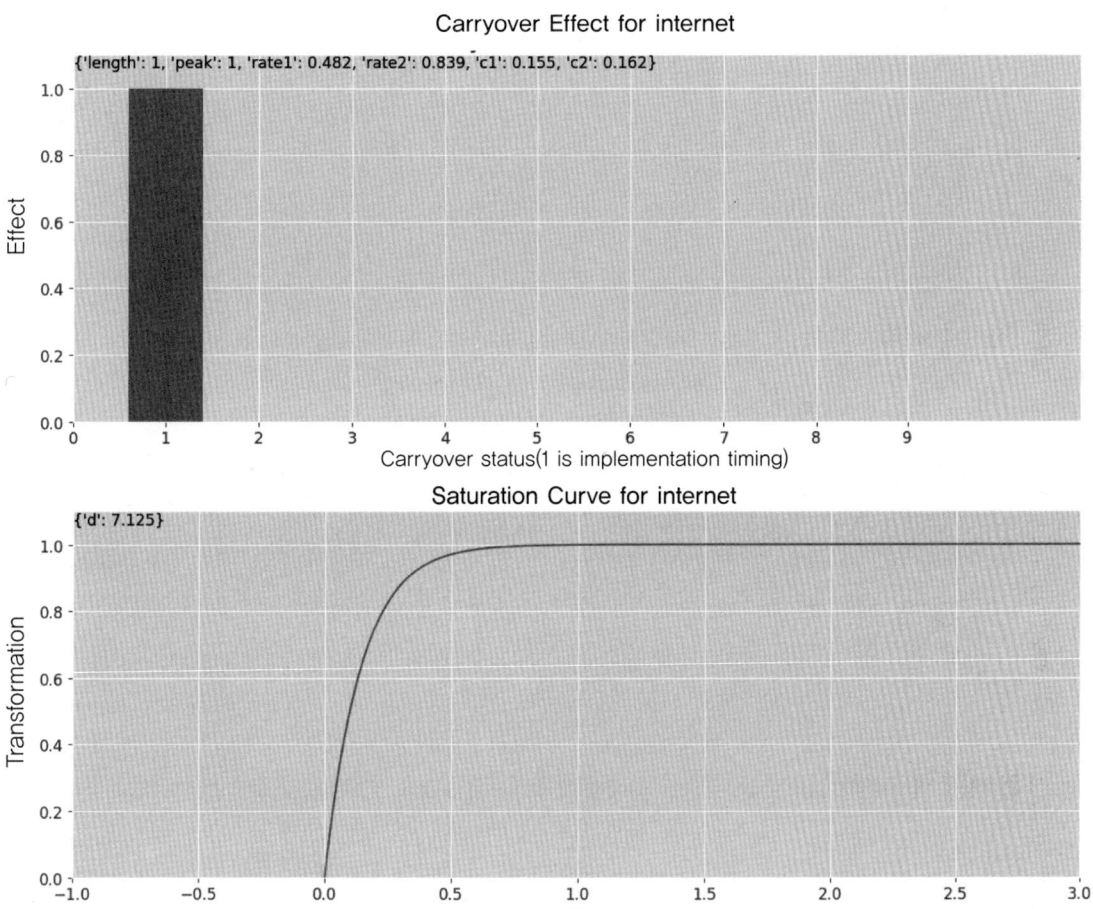

이 결과를 통해 인터넷 광고(internet)에 이월 효과는 없음을 알 수 있습니다. 포화 곡선을 보면 과거 최대 집행량이 거의 포화점에 이르렀기 때문에, 최대 집행량이 발생한 주의 비용 중 일부를 다른 주나 다른 광고 매체로 옮기는 것이 좋을 것입니다.

다만, 인터넷 광고라도 검색 연동형 광고, 디스플레이 광고, 동영상 광고 등 다양하게 분포되어 있기 때문에 앞으로는 매체의 구분을 세밀하게 하여 분석하는 것도 고려해 볼 수 있을 것입니다. 이를 통해, 예를 들어 디스플레이 광고 비용을 동영상 광고로 돌리거나, 동영상 광고 중에서도 인스트림 광고(유튜브 등 동영상 플랫폼에서 나오는 광고)에 집중하는 등의 검토를 온라인 광고 중에서 할 수 있게 됩니다.

다음은 데이터에서 구한 프로모션 미디어 광고(promotional)의 이월 효과와 포화 곡선 그래프입니다.

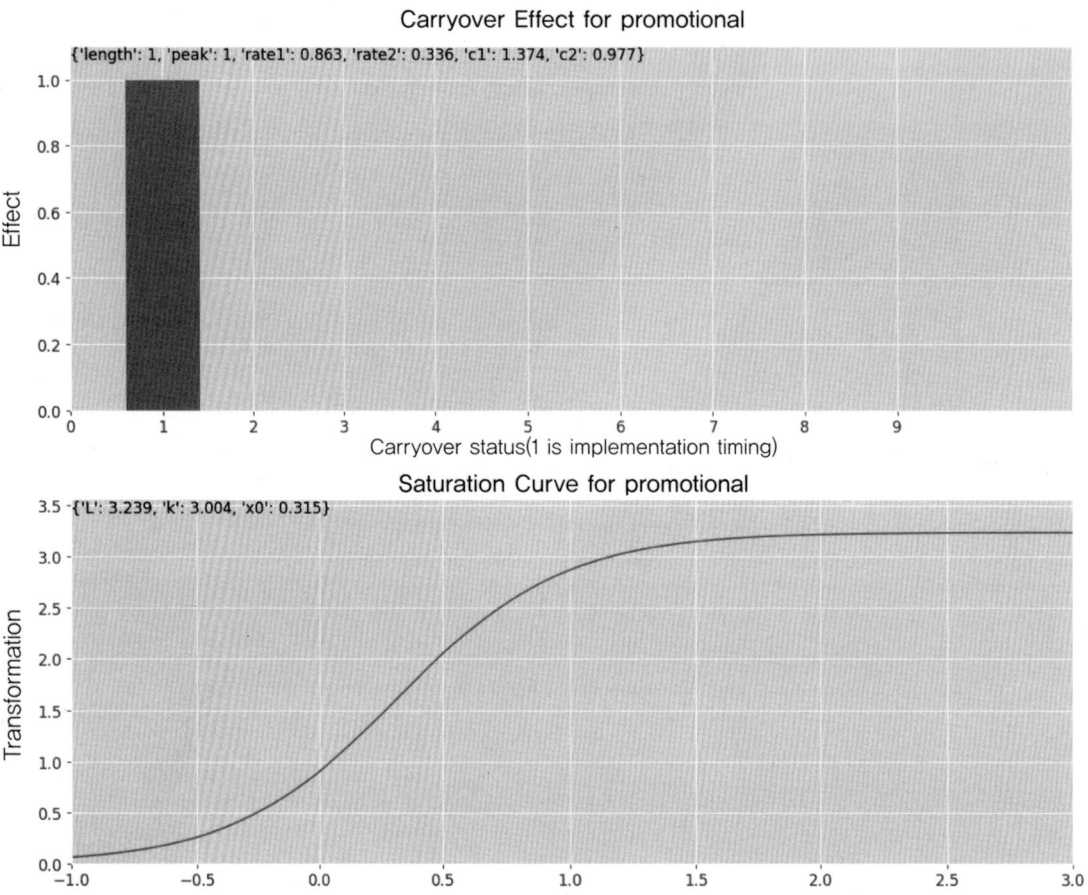

이 결과로부터 프로모션 미디어 광고(promotional)도 인터넷 광고와 마찬가지로 이월 효과가 없는 것을 알 수 있습니다. 프로모션 미디어 광고는 판매 촉진을 목적으로 하고 있기 때문에 예상대로라고 볼 수 있습니다. 또한 포화 곡선을 보면 아직 더 늘려도 좋을 것 같습니다.

코로나 사태가 끝난 시기인 만큼, 즉각적인 효과를 원한다면 인터넷 광고보다는 앞으로는 오프라인 프로모션 미디어(이벤트, 전시, 영상, 매장 POP 등)에 투자하는 것이 앞으로의 목표가 될 수 있을 것입니다.

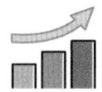 **MMM(마케팅 믹스 모델링)의 주의할 점**

이번에 RegARIMA로 구축하는 모델은 MMM(Marketing Mix Modeling)이라고 부르는 시계열 회귀모델의 비즈니스 응용 중 하나입니다. 이는 오래전부터 사용되어 온 모델로, 소비자용 상품을 취급하는 제조업(소비재 제조업체, 가전제품 제조업체, 자동차 제조업체 등)에서 이용되고 있는 모델입니다. 최근에는 서비스업에서도 사용되고 있습니다.

이 MMM은 매우 편리한 모델이지만, 몇 가지 주의할 점이 있으므로 간단히 설명하겠습니다.

◆ 모델의 복잡성

MMM은 많은 변수를 다루기 때문에 모델이 매우 복잡해지는 경향이 있습니다. 변수 간의 관계성을 정확하게 파악하기 위해, 모델 구축에는 고도의 통계적 지식과 경험이 필요합니다.

◆ 데이터의 품질

MMM의 정확도는 데이터의 품질에 크게 의존합니다. 데이터의 결손이나 오류가 있을 경우, 분석 결과에 악영향을 미칠 가능성이 있습니다.

◆ 외부 요인의 영향

경기 변동, 타 경쟁사의 활동 등 마케팅 활동 이외의 외부 요인이 비즈니스 성과에 미치는 영향을 완전히 제거하기는 어렵습니다. 이러한 요인에 의한 영향을 완전히 배제할 수 없으므로 분석 결과의 해석에 주의가 필요합니다.

◆ 장기적인 효과의 측정

브랜딩 활동 등 장기적인 효과가 기대되는 마케팅 활동의 영향을 정확하게 측정하기는 어려울 수 있습니다. MMM은 주로 단기적인 효과를 측정하는 데 적합합니다.

◆ 새로운 채널 및 기법에 대응

새로운 광고 매체나 기법이 등장했을 때, MMM에 바로 적용하기 어려운 경우가 있습니다. 충분한 데이터가 축적되기 전까지는 그 효과를 정확하게 측정할 수 없는 경우가 있습니다.

◆ 인과관계의 규명

MMM은 변수 간의 상관관계를 밝혀내지만, 인과관계를 직접적으로 규명하기는 어렵습니다. 상관관계가 반드시 인과관계를 의미하는 것은 아니므로, 결과 해석에 주의할 필요가 있습니다.

◆ 모델의 갱신

시장 환경과 고객 행동은 끊임없이 변화하기 때문에 MMM의 모델은 주기적으로 업데이트해야 합니다. 업데이트 빈도와 시기를 적절히 설정하지 않으면 모델의 정확도가 떨어질 수 있습니다.

이러한 한계를 이해하고 MMM을 적절히 활용하는 것이 중요합니다. MMM의 결과를 다른 분석 기법이나 정성적 정보와 함께 해석하여 의사결정에 활용하는 것이 바람직할 것입니다. 또한, 모델의 정확도를 주기적으로 검증하고 필요에 따라 수정하는 것도 중요합니다.

이번에는 RegARIMA로 구축하는 접근 방식으로 설명했지만, 다른 시계열 회귀모델(고전적으로는 ARIMAX, 최근에는 베이즈 상태 공간 모델 등)로도 시도해볼 것을 권합니다. 제 경험상 모두 비슷한 결과가 나오는 경우가 많기 때문에 사용하기 쉽고, 해석하기 쉽고, 설명하기 쉬운 것을 기준으로 선택하면 좋을 것입니다.

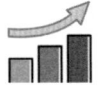 **MMM과 함께 해야 할 데이터 분석**

MMM만으로도 흥미로운 데이터 분석을 수행할 수 있지만, 약간 부족할 수도 있습니다. 따라서 MMM의 결과를 바탕으로 다른 데이터 분석도 함께 수행하면 더욱 좋습니다. 몇 가지를 소개합니다.

◆ 정책의 효과 검증

MMM을 통해 얻은 지식을 바탕으로 시행한(또는 앞으로 시행할) 정책에 대해 그 효과를 정량적으로 검증합니다. 매출이나 이익, 고객 수, 고객 만족도 등의 지표를 이용하여 분석합니다. 예를 들어, AB 테스트라고 하는 통계적 검증(두 개의 서로 다른 상태인 A군과 B군을 비교하여 어느 쪽이 더 효과적인지 검증)을 실시하거나, DID(Difference-in-Differences)라고 부르는 정책의 전후에 처리군(정책의 영향을 받는 군)과 대조군(정책의 영향을 받지 않는 군)의 변화 차이를 비교 분석하거나, 통계적 인과추론 프레임워크를 활용한 데이터 분석을 하기도 합니다.

◆ 세그먼트 분석

MMM 결과를 바탕으로 고객 세그먼트별 반응의 차이를 분석합니다. 경우에 따라서는 데이터 수집 방법을 재검토하거나 새로운 데이터를 취득(예: 소비자 설문조사 실시, ID가 부여된 POS 데이터 확보)하기도 합니다. 세그먼트별로 어떤 채널과 정책이 효과적이었는지를 파악하여 세그먼트 특성에 맞는 마케팅 전략 수립에 활용합니다.

◆ 채널 세분화

 각 마케팅 채널이 매출과 이익에 어느 정도 기여했는지를 상세하게 분석합니다. 예를 들어, 매스컴 4가지 매체의 광고를 신문, 잡지, 라디오, TV로 나누거나 TV 광고를 시간대별, 목적별(예: 인지도-판촉-브랜딩 등), 지역별로 나누는 등 보다 세분화하여 분석합니다. 채널 간의 상승효과, 채널별 비용대비 효과, 역할 분담(예: 어떤 TV 광고가 인지도에 효과가 있는지, 어떤 매장 프로모션이 구매에 효과가 있는지 분석) 등을 파악하여 예산 배분 최적화 및 커뮤니케이션 전략 수립에 활용합니다.

◆ 경쟁사 분석

 자사의 마케팅 활동과 경쟁사의 활동을 비교 분석합니다. 경쟁사와의 차별화 포인트와 경쟁사의 시책에서 참고할 수 있는 점을 파악하여 마케팅 전략 개선에 활용합니다. 이 역시 새로운 데이터 수집(경쟁사 정보, 소비자 설문조사 등)이 필요할 수 있습니다.

◆ 장기적 효과 분석

 MMM을 통해 얻은 지식을 바탕으로 장기적인 브랜드 가치 향상과 고객 생애 가치(CLV)에 미치는 영향을 분석하여, MMM을 통한 단기적인 매출뿐만 아니라 장기적인 관점에서 마케팅 활동의 효과를 평가합니다.

◆ 외부 데이터와의 연계 분석

 MMM의 데이터와 경제지표, 기상 데이터, 소셜 미디어 데이터 등 외부 데이터를 결합하여 분석합니다. 거시적 환경 변화가 마케팅 효과에 미치는 영향을 파악하여 상황에 맞는 정책의 조정에 활용합니다.

 이러한 데이터 분석을 통해 MMM의 결과를 더 깊이 이해하고 마케팅 전략을 지속적으로 개선할 수 있습니다. 분석의 목적과 과제에 따라 적절한 분석 기법을 선택하고, 얻은 지식을 의사결정에 활용하는 것이 중요합니다.

정책의 효과 검증과 시계열 인과 추론

정책의 효과 검증을 위해서는 매출에 영향을 미치는 다양한 요인을 정확하게 파악해야 합니다. 마케팅 정책과 외부 요인을 포괄적으로 분석하는 MMM에, 시계열 인과추론을 결합하면 보다 정확한 효과 검증이 가능합니다.

▼ 시계열 인과 추론이란?

시계열 인과 추론은 시간의 전후 관계를 이용하여 개입(광고 투입)이 결과(매출 증가)에 미치는 영향을 추정하는 기법입니다. 다음과 같은 분석 기법이 있습니다.

- **차분분석** (광고를 집행한 지역과 집행하지 않은 지역의 매출 차이를 비교하여 효과를 측정)
- **분할 시계열 분석** (광고를 집행하기 전과 집행 후의 매출 변화를 관찰하여 효과를 측정)
- **그랜저 인과관계 분석** (광고가 매출에 영향을 미치는지 통계적으로 검증)

▼ 시계열 인과관계 추론의 주의점

효과 검증에서는 다음 세 가지 사항에 주의할 필요가 있습니다.
1. **외부 요인의 영향 배제** (경기, 날씨, 경쟁사 움직임 등 광고 외의 요인도 고려)
2. **효과의 지연을 고려** (광고 효과가 바로 나타나지 않고 시간차가 발생할 수 있음)
3. **데이터의 품질을 확보** (결측값이나 이상값이 있으면 분석의 정확도가 떨어지므로 사전 점검이 필요)

이러한 점을 유의하면 데이터에 기반한 광고 전략 수립과 효과적인 예산 배분이 가능해집니다.

이 가게는 도대체…?

영태 씨 친척의 가게인가요?

어머? 모르셨어요?

영태 군은 이 가게의 은인이에요.

네???

별로 대단한 것은 아니에요.

아주 오래전… 대학생 시절의 이야기입니다.

저는 싸고 맛있는 이 가게를 이용했죠.

4-1 미래 예측을 위해 과거 데이터를 연구한다

미래의 실측값 데이터는 존재하지 않는다

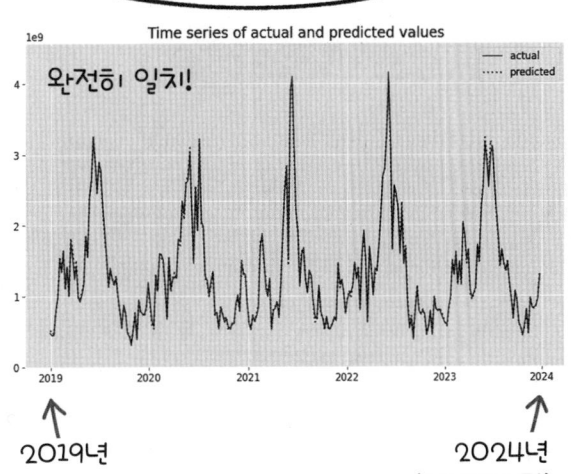

4-2 미래의 예측 정확도를 확인하자

두 그래프의 **차이**가 적으면 적을수록, **예측 정확도가 높다!** 라는 것이군요!

실선 —— (실측값)

점선 ······ (예측값)

 어느 정도 정확하게 예측할 수 있는가

 그럼, 실제로 **미래의 예측 정확도**를 시험해 봅시다.
아래 그림을 참고해 주세요. 앞에서 설명했듯이, 현재 가지고 있는 데이터를 두 개의 데이터로 나눕니다.

검증용으로 최근 1년간(52주)의 데이터를 '**테스트 데이터 기간**'으로 설정합니다.
그 이전 데이터인 '**학습 데이터 기간**'으로 RegARIMA 모델을 구축합니다.
이러한 접근법으로 미래 예측의 정확도를 검증하는 것입니다.

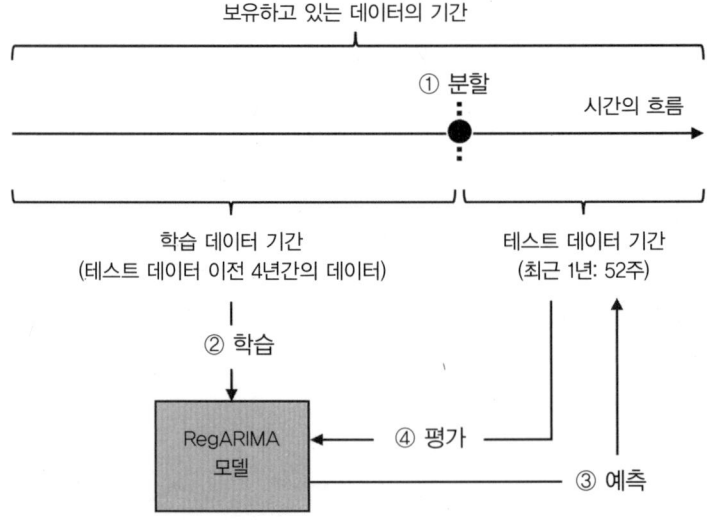

 네. 그리고 테스트 데이터에 대한 '예측값'과 '실측값'을 **비교**하면 되는 거죠! 앞에서도 보았던 점선과 실선의 꺾은선 그래프가 보이네요.

 …자, 됐어요. 이제 점선인 예측값(predicted)와 실선인 실측값(actual)을 비교해 보세요. 꽤 정확하게 추세를 파악한 것 같군요.

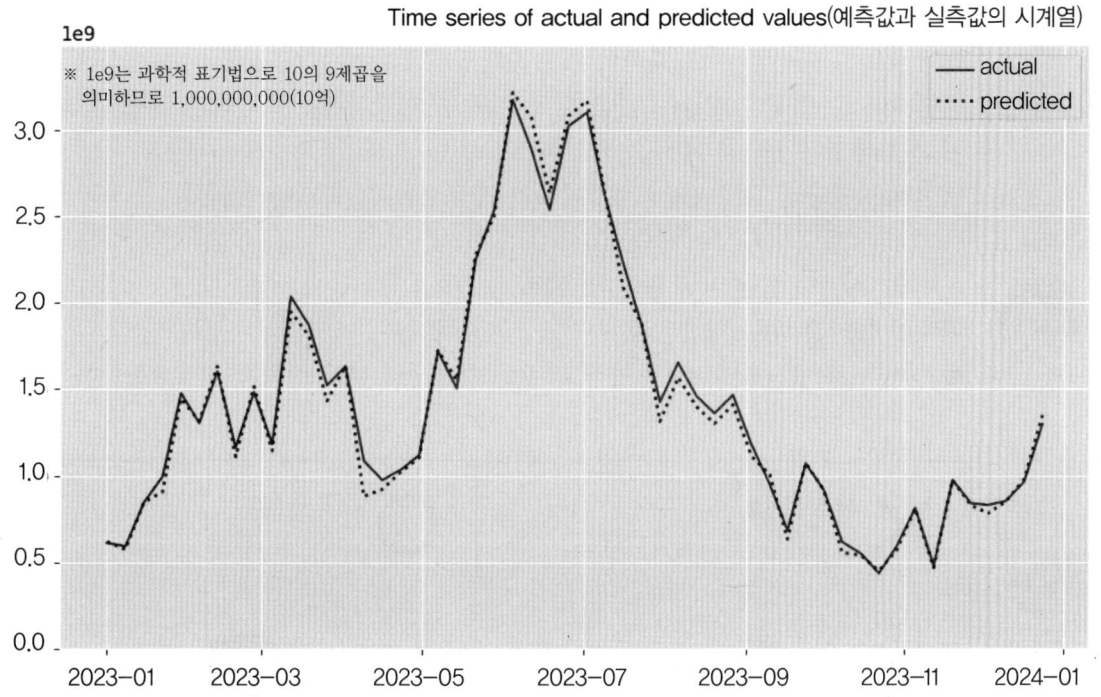

 오~! 잘 겹쳐져 있어서 거의 어긋나지 않는군요. 이건 예상 밖인걸요!

 그래요. 이거라면 미래 예측에도 사용할 수 있을 것 같네요.
그럼 모델이 얼마나 예측을 잘하고 있는지를 **지표로 확인**해 보겠습니다.

 음, '**결정계수**'와 '**MAPE**'라는 두 가지 지표가 있군요(P.91).

 말씀하신 대로입니다. 이번에는 결정계수가 0.997로 나왔습니다.
이것은 1에 가까울수록 좋은 것입니다.

그리고 MAPE는 3.1%입니다. 이 MAPE(평균 절대 백분율 오차)는 예측값이 실측값과 얼마나 차이가 나는지를 백분율로 나타낸 것으로, 0에 가까울수록 좋습니다.

 오~! 약 3% 정도만 어긋났군요!
그 정도면 꽤나 높은 정확도네요.

 네, 맞아요. 이 모델은 테스트 데이터 기간을 잘 예측하고 있는 것 같습니다.
이만큼 정확도가 높다면, 앞으로의 시기에 **에어컨 매출 예측**에도 충분히 사용할 수 있을 것입니다.

 대단해요…! 에어컨 매출 예측이 가능하다면, 영업부의 간부님도, 직원들도 모두 기뻐하겠어요. 미래의 매출에 맞춘 생산 계획과 재고 관리, 효과적인 판매 전략 수립이 가능해지니까요.
데이터를 활용한 경영 판단! 비즈니스의 가능성이 크게 넓어지는군요.

 맞아요. 하지만 방심은 금물인 것 알죠?
예측이 빗나갈 수도 있습니다.
예측 결과를 맹신하지 말고, 항상 검증하고 개선해 나가는 자세가 중요합니다.

 네! 명심해야 하지만, 두근두근 설레는 걸요!

 …….
확실히 분명 도움이 될 겁니다.
하지만, 아무리 유익한 데이터라도 저희 같은 조직에서는… 글쎄….

분명 지금까지 억울한 일이나 스트레스도 많았을 텐데…

아! 그렇지!

영태 씨, 이번 일요일 시간 낼 수 있어요!?

네? 일요일이요…??

제5장에 이어서

제 4 장 팔로우 업

 **시계열 데이터에 대한 홀드아웃법**

예측 모델을 구축할 때 '어떻게 만들면' 예측에 사용할 수 있는지를 고려해야 합니다.

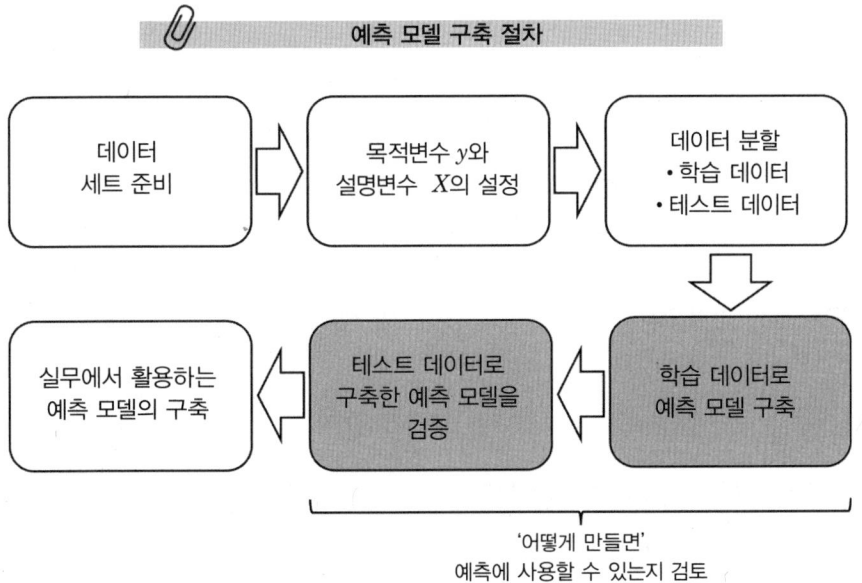

이를 위해 먼저 가지고 있는 데이터를 학습 데이터와 테스트 데이터로 나눕니다. 시계열 데이터의 경우, 학습 데이터와 테스트 데이터는 특정 시점(시간)을 경계로 나눕니다. 대부분의 경우, 실무 운영을 가정한 테스트 데이터 기간(예:1년간)을 설정하고, 그 이전을 학습 데이터로 삼는 경우가 많습니다. 이러한 접근법을 시계열 데이터에 대한 **홀드아웃(hold out)법**이라고 합니다.

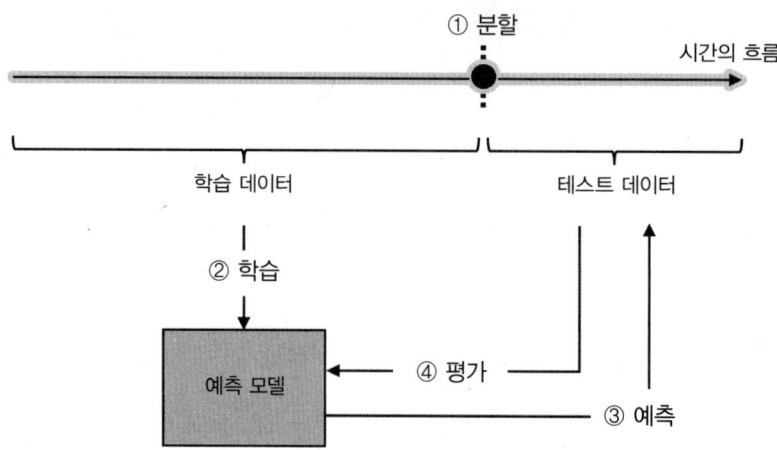

학습 데이터 기간의 데이터를 사용하여 RegARIMA 모델을 구축합니다. 구축한 모델의 성능을 평가하기 위해, 테스트 데이터 기간을 예측하여 정확도를 평가합니다.

테스트 데이터에서 평가 결과에 문제가 없다면, 이 예측 모델을 만드는 방법에 문제가 없는 것으로 간주합니다.

 **예측 모델을 구축하기 위해서는**

실무에서 사용하는 RegARIMA 예측 모델을 구축할 때는 학습 데이터와 테스트 데이터로 나누기 전의 모든 시계열 데이터를 사용하거나, 더 새로운 데이터(많은 경우, 테스트 데이터 기간을 포함)를 사용합니다.

미래를 예측할 때, 설명변수의 값을 설정해 둘 필요가 있습니다. 트렌드 성분과 계절 성분이 변하지 않는다고 가정하면, 이 두 성분에 대한 변수는 미래에도 그대로 사용할 수 있습니다. 이번 경우라면 광고 비용 데이터는 어떻게 설정해야 할까요? 마케팅 계획 등을 바탕으로 결정할 필요가 있습니다. 미래의 어느 시점에 얼마만큼의 비용을 투입할 것인지를 구축한 모델의 기간 단위(이번에는 주 단위)에 따라 결정해야 합니다. 그렇지 않으면 예측이 불가능합니다.

예를 들어, 여러 마케팅 변수의 설정안을 생각해보고 매출을 시뮬레이션하여 시행착오를 거치면서 검토합니다. 이 설정안을 처음부터 만드는 것이 의외로 어렵기 때문에, 현재의 안(작년 시행 계획)을 바탕으로 비용 배분을 조정하면서 시뮬레이션을 하는 경우가 많습니다.

제 5 장

광고 예산의 최적화

수리 최적화

광고 투자안(광고 예산 사용)에 대해 고민하는 두 가지 포인트!

1 3종류의 광고 매체의 비용 비율.
일정한 광고 예산을 3종류에 어떻게 배분할 것인가?

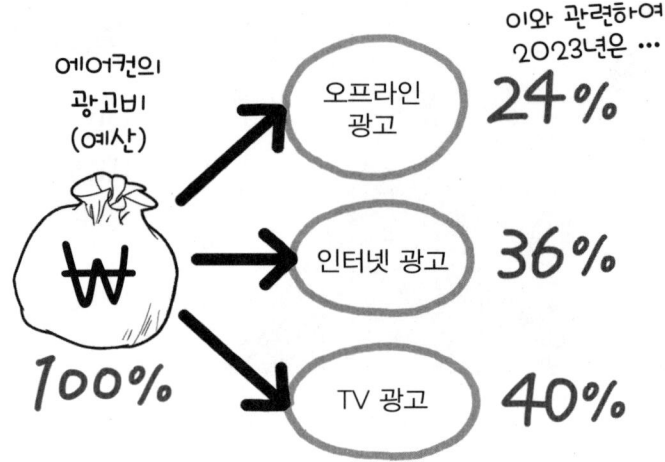

2 광고 집행의 '시기와 양'에 대해.
주 단위로, 언제, 어느 정도의 양으로 할 것인가?

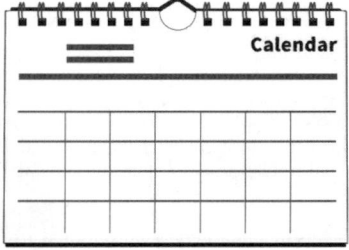

우와~!
둘 다 너무 귀찮고
어려울 것 같아요…!

수리 최적화의 개념을 좀더 알아보자

 자, 수리 **최적화 문제**란 '목적 함수(최대 또는 최소로 하고 싶은 함수)'와 '제약 조건(여러 가지 제한조건)'을 설정하고, 그 조건을 만족하는 **최적 해**(가장 적합한 답)를 구하는 문제를 말합니다.

 으음…, 생소한 용어가 자꾸만 등장해서 벌써부터 따라가지 못할 것 같아요…!

 아니에요, 어렵다고 느낄 필요는 없습니다. 이번에는 도시락 가게의 매출을 목적 함수, 선반 공간 등을 제약 조건으로 설정합니다. 그리고 **최적**(매출이 최대)이 되는 '도시락과 주먹밥의 판매 개수'를 요구하게 됩니다.

문제(과제)에는 '도시락의 판매 가격은 1개당 5,000원', '선반 공간은 총 320개까지' 등 구체적인 수치가 설정되어 있습니다.
이러한 수치와 조건 등의 정보를 조합하여 여러 가지 수식을 만들어 봅시다.
그리고 그러한 수식을 풀면 '모든 조건을 만족하는 **최적**(최대 또는 최소)의 답'을 얻을 수 있습니다.

이번 비유는 간단하지만, 실제 비즈니스에서 다루는 문제는 조건도 매우 복잡합니다. 이런 복잡한 수리 최적화 문제를 푸는 방법은 PC에 맡깁시다. '**최적화 알고리즘**'이라는 것이 있습니다. 알고리즘이란 문제를 풀고 답을 얻기 위한 절차라는 뜻입니다. 이런 작업은 컴퓨터가 잘하는 일이기 때문입니다.
우리는 문제의 성격에 맞게 선형계획법이나 비선형계획법 등의 적절한 방법을 선택해 주면 되는 것입니다.

 어쨌든 '수리 최적화 문제'의 개념은 어느 정도 이해가 되었습니다.
원하는 내용, 조건 등 다양한 정보를 포함한 여러 수식을 만듭니다. 그리고 그 수식을 풀면 답을 도출할 수 있습니다. 복잡하면 PC에게 부탁할 수 있겠군요.

도시락 가게의 예제를 통해 **수리 최적화 문제**에 익숙해져 봅시다.

문제 설정

한 도시락 가게가 점심시간에만 도시락과 주먹밥을 판매하고 있습니다.
- 도시락은 1개당 5,000원, 주먹밥은 1개당 1,000원.
- 도시락은 1개당 3,000원, 주먹밥은 1개당 600원.
- 도시락과 주먹밥을 진열할 수 있는 선반 공간은 총 320개까지.
  주먹밥 1개가 1단위 공간을 차지하고, 도시락 1개가 4단위 공간을 차지합니다.
- 점장의 경험 법칙과 과거 데이터에 따르면, 도시락 판매량은 주먹밥 판매량의 1/4 이하입니다.
  ※ 문제를 단순화하기 위해 도시락과 주먹밥의 수익률을 동일하게 설정
    또한, 시간 경과에 따른 할인이나 판매되지 않은 상품에 대한 폐기처분은 고려하지 않습니다.

도시락과 주먹밥의 판매 개수를 결정 변수로 삼았을 때, 매출을 최대화하기 위해서는 각각 몇 개씩 판매하는 것이 가장 좋을까요?

공식화

결정 변수:
x : 도시락 판매 개수
y : 주먹밥 판매 개수

목적함수(매출의 최대화):
maximize $z = 5000x + 1000y$

제약 조건:
$4x + y \leq 320$ (선반 공간의 제약: 도시락 4단위, 주먹밥 1단위)
$x \leq (1/4)y$ (도시락 판매 개수가 주먹밥 판매 개수의 1/4 이하)
$x, y \geq 0$ (판매 개수는 음수가 되어서는 안 됨)

첫 번째 '문제 설정'의 내용이 수식으로 되어 있습니다.
이 수식을 풀면 답을 도출할 수 있어요!

문제를 풀어 답을 구한다

이 문제에서는 제약 조건의 범위 내에서 도시락을 많이 판매하는 것이 매출 최대화에 도움이 됩니다. 2가지 제약 조건을 만족하는 최솟값을 구합니다.
$4x + y = 320$과 $x = (1/4)y$의 연립방정식을 풀면 $x = 40$, $y = 160$이 됩니다.

따라서 도시락 40개, 주먹밥 160개를 판매할 때,
목적함수 $z = 5000 \times 40 + 1000 \times 160 = 360,000$(원)으로 최대가 됩니다.

5-2 최적의 광고 투자안의 해답은

3가지 광고 미디어에 대한 최적의 예산 비율은?

드디어 이제부터 챌린지…. 전에 없던 도전이군요!

'정확도 높은 매출 예측 모델'과 '수리 최적화'를 사용하여, **'최적의 광고 투자안'의 해답**을 찾아 볼까요~!

아니, 사실은 벌써 도전이 끝났고 이미 성공했습니다.

…네?

지난 며칠간의 시행착오를 거쳐서 최적의 광고 투자안을 이미 도출해 냈습니다.

다음은 결과를 함께 보기만 하면…

우우우우~!!! 혼자서만 진행하셨어요? 애써 결성한 팀인데~!!!

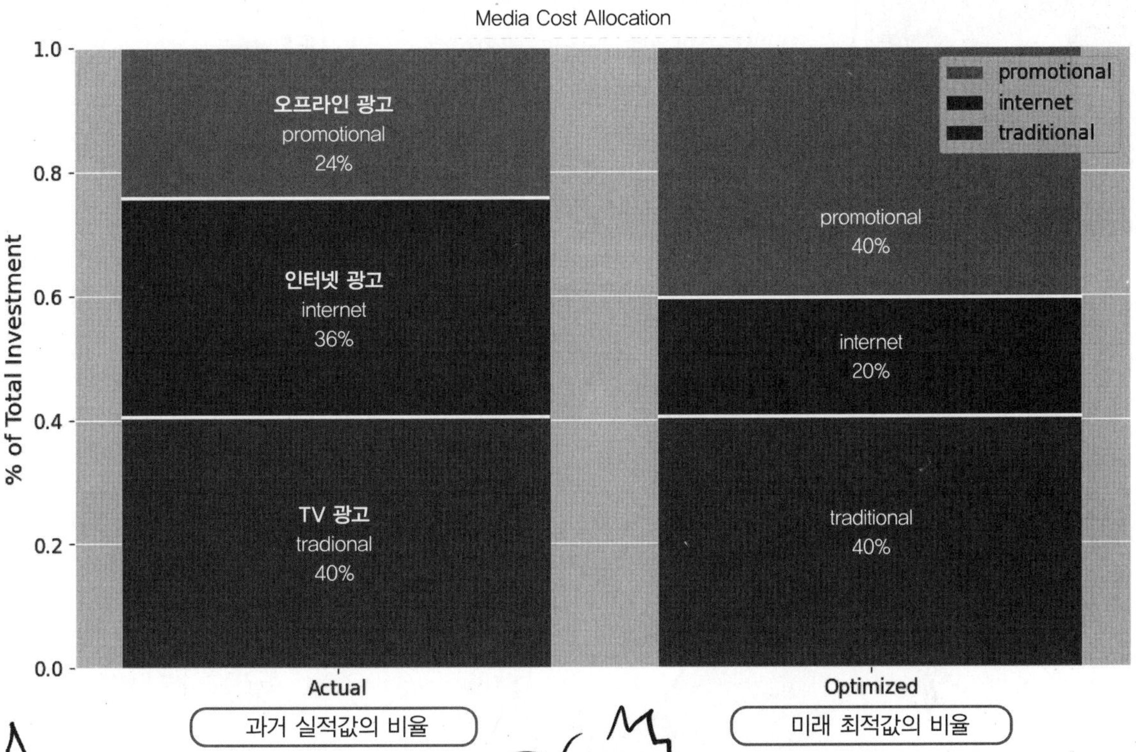

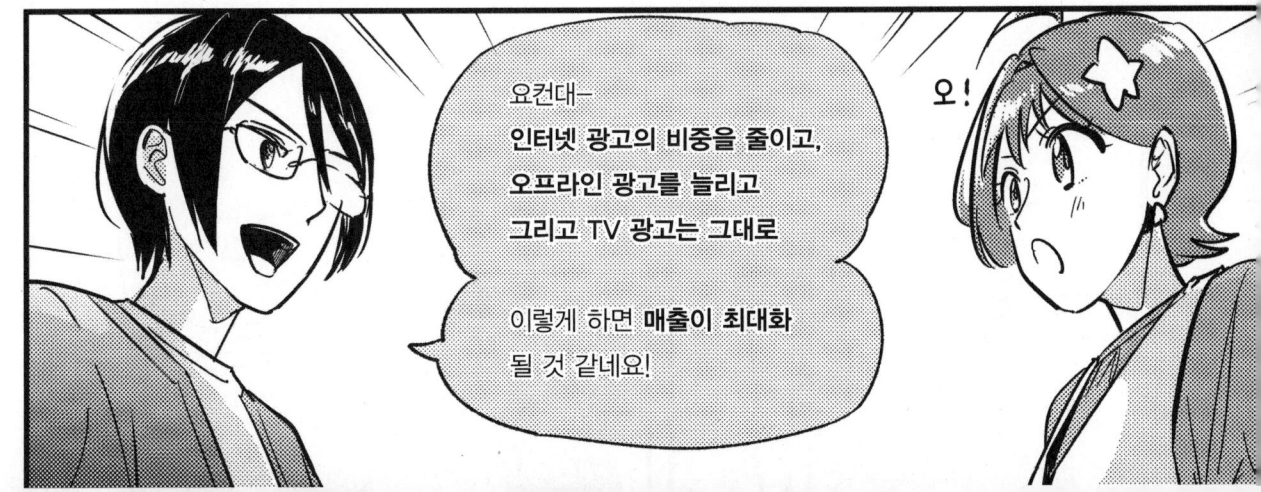

와~!
처음에 제가 생각한(P.32) 'TV 광고를 줄여도 괜찮다!'는 예상은 틀렸네요(P.32).

생각지도 못했던 의외의 결과입니다…

네.
제 단순한 가설이지만 아마도

TV 광고는, 현상 유지를 하는 정도로도 좋은 광고 효과가 있다.

그 중에 이벤트나 전시, 매장 POP 등의 **오프라인 광고는**

소비자와의 직접적인 커뮤니케이션과 체험 가치를 제공함으로써, 더욱 높은 효과를 기대할 수 있을 것 같아요…
그렇지 않을까요?

하지만 **인터넷 광고는**, 매우 범람하고 있고 인상적인 광고나 차별화가 어려워지고 있다…

특가 1,800,000원

광고 집행 시기와 그 양은?

후후~
와, 오늘은 좋은 이야기를 들었네~♪

지수 씨, 기쁜 건 알겠는데 계속 들떠 있을 상황이…

아! 그렇죠! **광고 투자안 중에서 고민스러운 점**은 두 가지였죠(P.140).

연간 배분 비율뿐 아니라…
광고를 집행하는 타이밍도 그 양도 중요하죠!!

그렇습니다!
다음은 주 단위 최적의 광고 집행량을 살펴봅시다.

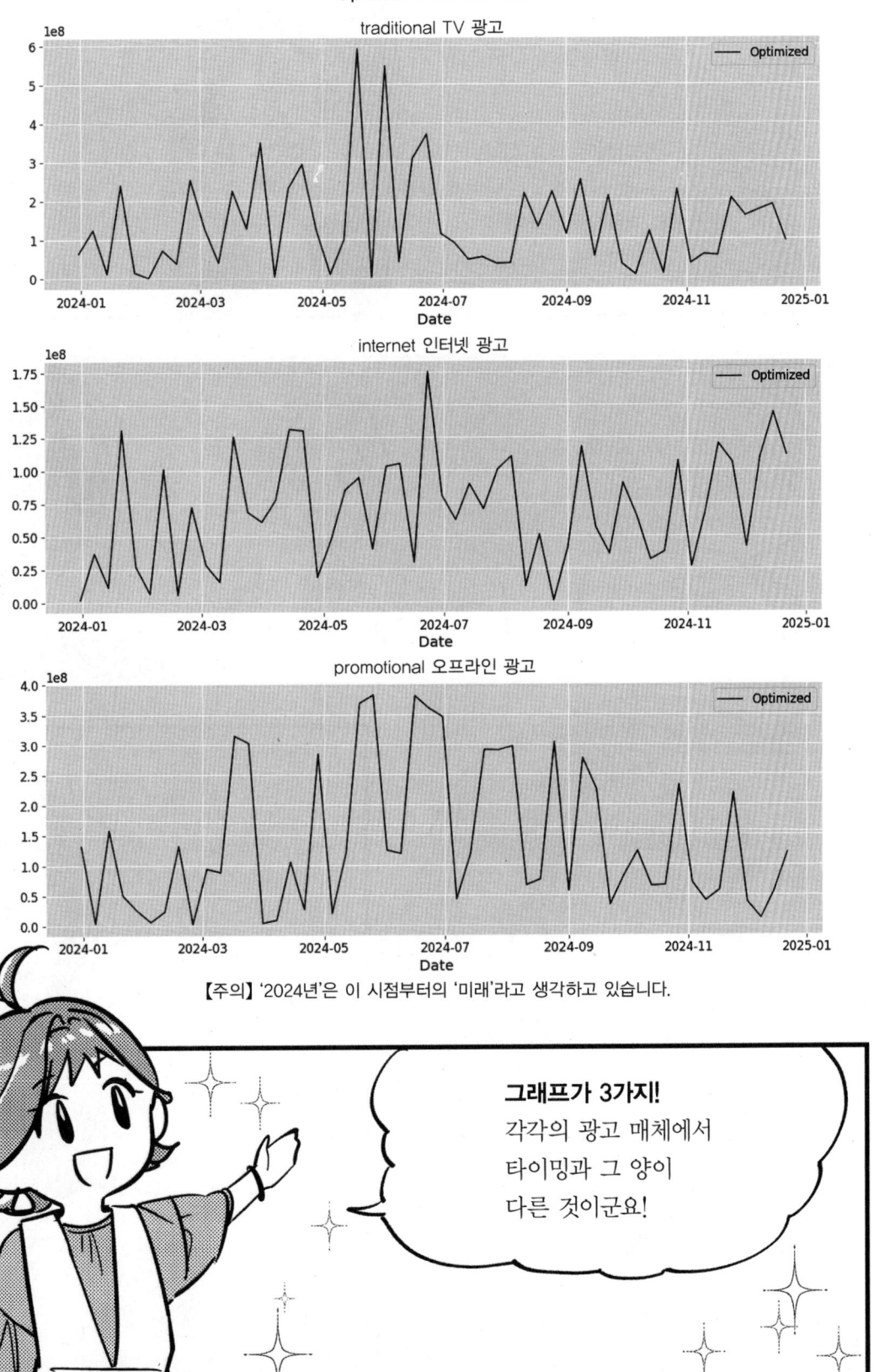

제 5 장   팔로우 업

 수리 최적화 문제를 푸는 방법

　이번에는 전체 비용이 정해져 있는 상황에서, 매출을 최대화할 수 있는 광고 매체의 배분 방안을 찾는 것입니다. 몇 가지 접근법이 있으며, 그 중 하나가 수리 최적화 문제를 푸는 방법입니다. 수리 최적화 문제는 목적 함수와 제약 조건을 설정할 필요가 있습니다.

- **목적 함수**: 최대화 또는 최소화하는 함수
- **제약 조건**: 변수에 부여된 제약 조건

　이 경우, 다음과 같이 '전체 비용이 일정할 때 매출을 최대화하는 비용 배분을 구하는 문제'를 풀면 됩니다.

- **목적 함수**: 매출을 예측하는 RegARIMA 모델
- **제약 조건**: 마케팅 변수는 모두 음수가 아니고(0 이상), 합계를 구하면 전체 비용과 일치한다.

　이 문제를 풀면 매출을 최대화하는 주간 단위 마케팅 변수의 값을 구할 수 있습니다.

　이번과 같이 머신러닝 등으로 구축한 모델을 최적화 문제 중에서 함수의 하나로 활용하는 것은 흔한 일입니다.
　이번 경우에서는 매출을 예측하는 RegARIMA 모델을 구축했습니다. 구축한 RegARIMA 모델은 비선형이기 때문에 비선형 계획법이라는 접근법으로 문제를 풀게 됩니다.

　이번에는 '전체 비용이 일정할 때 매출을 최대화하는 비용 배분을 구하는 문제'를 풀었지만, '매출이 일정할 때 비용을 최소화하는 비용 배분을 구하는' 수리 최적화 문제도 생각해 볼 수 있습니다. 매출을 떨어뜨리지 않고 비용을 절감하는 방법입니다. 효과가 없는 광고나 판촉 등을 찾아내어 삭감하는 것입니다.

수리 최적화의 현장 활용법

수리 최적화는 특정 제약 조건 하에서 목적함수를 최적화하는 방법입니다. 먼저 문제를 공식화하고, 그 결과를 실무에 활용합니다.

▼ 수리 최적화란?

수리 최적화는 비즈니스 의사결정을 수학적으로 풀어내는 방법으로, 제약 조건 하에서 최적의 해를 도출할 때 사용합니다. 예를 들어, 다음과 같은 과제에 적용할 수 있습니다.

- **구매량의 최적화** (수요 분포 예측을 활용하여 폐기 손실과 품절의 균형을 맞추는 것)
- **인력 배치의 최적화** (기술과 업무량을 고려하여 효율적인 인력 배치를 실현)
- **생산 일정의 최적화** (설비 용량과 납기를 고려하여 효율적인 생산 계획을 수립)
- **생산 조건의 최적화** (품질과 비용의 균형을 고려하여 최적의 제조 파라미터 설정)
- **운송 경로의 최적화** (시간과 비용을 최소화하는 운송 경로를 계산)

▼ 수리 최적화 활용 단계

수리 최적화는 다음 3단계로 실시합니다.
1. **목적 함수의 명확화** (무엇을 최적화하고 싶은가?)
2. **제약 조건의 설정** (현실적인 제약 조건은 무엇인가?)
3. **해법의 선택** (어떤 도구나 알고리즘을 사용할 것인가?)

예를 들어, 운송 경로 최적화는 다음과 같이 실시합니다.
1. **목적 함수**: 배송 시간의 최소화
2. **제약 조건**: 차량 대수, 적재 용량, 배송 시간
3. **해결 방법**: 파이썬의 혼합 정수 최적화 라이브러리를 사용

이것은 각 비즈니스 과제에 대한 최적의 해결책을 찾아 실무에 적용하는 방법입니다.

띵
임원 회의에 호출되다니…
드르륵
너무 떨려요~!
벼, 별로 저는, 기, 긴장은 하지 않습니다만……
덜컹
덜덜
뭐 정기적으로 하는 일상적인 제안 결과 발표라고 할 수 있겠죠.
자, 여러분들이 제안한 광고 전략의 효과에 대해 말씀드리면-
임원 회의실

추가적인 공부를 위해

초급자부터 중급자를 위한 시계열 분석 추천 도서 10선

막상 시계열 분석을 공부하려고 해도 수식이 가득한 어려운 책이 많은 것이 현실입니다. 따라서 초급자부터 중급자까지 이해하기 쉽고 실무에 활용하기 쉬운 추천 도서 10권을 엄선했습니다.

바바 신야 『실전 Data Science 시리즈 Python으로 시작하는 시계열 분석 입문』 고단샤
초보자를 위해 Python을 이용한 시계열 분석의 기초를 친절하게 해설.

Marco Peixeiro 『Python으로 시작하는 시계열 예측』 마이나비 출판
시계열 예측에 특화된 책으로, Python을 이용한 실용적인 예측 모델 구축 방법을 해설.

다카하시 이치로 『Python을 이용한 시계열 분석: 예측모델 구축과 기업 사례』 옴사
Python을 이용한 시계열 분석 방법을, 예측 모델 구축과 기업 사례를 통해 해설.

요코우치 다이스케, 아오키 요시미츠 『현장에서 바로 사용할 수 있는 시계열 데이터 분석 ~ 데이터 사이언티스트를 위한 기초 지식』 기술평론사
시계열 데이터 분석의 실무에 도움이 되는 지식을 알기 쉽게 해설.

기타가와 겐시로 『R을 이용한 시계열 모델링 입문』 이와나미 서점
R을 이용한 시계열 모델링의 기초를 풍부한 예제와 함께 해설.

- 바바 신야 『시계열 분석과 상태 공간 모델의 기초: R과 Stan으로 배우는 이론과 구현』 프레아데스 출판
  이론적 배경부터 실무적 응용까지 R과 Stan을 이용하여 해설.

- 무라오 히로시 『R로 배우는 VAR 실증분석(개정 2판) 시계열 분석의 기초부터 예측까지』 옴사
  VAR 모델을 이용한 실증분석의 방법을 R을 이용하여 해설.

- 오키모토 류이치 『경제-금융 데이터의 계량 시계열 분석』 아사쿠라 서점
  시계열 모델을 실무에 응용할 때 필요한 지식을 기초 개념부터 해설.

- 월터 엔더스 『실증을 위한 계량 시계열 분석』 유히카쿠
  ARMA, GARCH, 단위근 검정, VAR, 공적분 등 시계열 분석의 실무 기술을 폭넓게 해설.

- 히라타 요시토, 첸 뤄난, 아이하라 가즈유키 『비선형 시계열 해석의 기초 이론』 도쿄대학 출판부
  카오스나 역학계 접근법 등 비선형 시계열 분석의 기초를 이론적으로 해설.

찾아보기

기호·숫자·영문자

2중합 ··· 54, 82
Ad Stock ·· 86, 102
AR 모델 ··· 74
ARIMA with eXogenous variables ········ 75
ARIMA 모델 ·· 74
ARIMAX 모델 ······································· 75
ARMA 모델 ··· 74
Auto ARIMA ·· 79
AutoRegressive ··································· 74
AutoRegressive Integrated Moving Average ······· 74
AutoRegressive Moving Average ········· 74

Carryover Effect ···························· 102, 108

MA 모델 ·· 74
MAE ··· 81
MAPE ··· 67, 81
Marketing ROI ····································· 68
Mean Absolute Error ··························· 81
Mean Absolute Percenage Error ·········· 81
Mean Sqaured Error ···························· 81
MMM ·· 111
Moving Average ·································· 74
mROI ······································· 68, 92, 94
MSE ··· 81

p값 ·· 56
p-value ··· 56

RegARIMA ·· 62
RegARIMA 모델 ··································· 75
Regression with ARIMA errors ············ 75
RMSE ·· 81

Root Mean Squared Error ···················· 81

SARIMA 모델 ······································· 74
Saturation Curve ······················ 102, 106, 108
Seasonal ARIMA ·································· 74
strong stationarity ······························ 49
Test Statistic ······································ 56

weak stationarity ································ 49

ㄱ

가성 회귀 ··· 76
가시화 ·· 31, 49
강 정상성 ·· 49
검정 통계량 ·· 56
결정계수 ······································· 67, 79
계절 성분 ······································ 37, 45
공분산 ·· 50
교란요인 ··· 77
귀무가설 ··· 55

ㄷ

단위근 ·· 55, 77
대립가설 ··· 55

ㄹ

래그 ·· 89

ㅁ

마케팅 믹스 모델링 ···························· 111
매출 기여도 ······································· 68
목적변수 ································ 61, 63, 64
목적함수 ···································· 143, 159
미래의 예측 ································· 65, 66

찾아보기 **181**

ㅂ

비교	49
비용 배분	96
비정상	79

ㅅ

삼각함수 특성량	53
선형회귀 모델	62, 63
설명변수	61, 63, 64
성분 분해	49
수리 최적화	139, 143, 145, 160
시간적 차이	89
시계열 데이터	13, 14, 25
시계열 모델	44, 63
시계열 분석	16, 61
시계열 인과 추론	114

ㅇ

애드스톡	86, 102
약 정상성	49
예측	36, 61, 65, 67, 91
이월 효과	96, 102, 108
인터넷 광고	27, 30
임계값	56

ㅈ

자기공분산	50
자동 ARIMA	79
자유도 조정 결정계수	80

ㅈ (cont.)

잔차 성분	37, 45
정상성	40, 41, 49
정상성 검토	49
제약 조건	143, 159

ㅊ

차분 계열	52
차분 처리	53
최적 해	143

ㅌ

통계적 특성	40
트렌드	35, 37, 45, 50
트렌드 특성량	??

ㅍ

평가지표	79
평균 제곱근 오차	81
평균 절대 오차	81
평균 절대 백분율 오차	81
평균 제곱 오차	81
평활화	53
포화 곡선	102, 106, 108
포화 효과	96

ㅎ

하이퍼파라미터	107
홀드아웃법	131
회귀분석	61
효과 검증	114

The Manga Guide to

Time Series Analysis

⟨저자 약력⟩

다카하시 이치로(高橋 威知郎)

주식회사 세일즈 애널리틱스 대표. 락락 비즈니스 데이터 사이언스 대표.
중앙부처와 정보통신업계를 거쳐 현재의 직책에 이르기까지, 데이터 분석 및 수리 모델 구축 분야에서 오랜 경험을 쌓아왔다.
대학 졸업 후 연구, 개발, 사내 활용, 사업화에 이르기까지 데이터 기반 업무 전반에 지속적으로 참여해 왔으며, 특히 제조업과 유통업을 중심으로 실무 지원 및 수리 모델(예측 모델, 이상 검출 모델, 최적화 모델 등) 개발, 자문 등을 수행하고 있다.
데이터 분석과 데이터 사이언스 분야에서 다수의 저서를 집필한 바 있다.

⟨역자 약력⟩

권기태

서울대학교 계산통계학과 졸업. 동 대학원에서 전산학 전공으로 이학석사 및 이학박사 학위를 취득했다.
현재 강릉원주대학교 컴퓨터공학과 교수로 재직 중이다.
주요 번역서로는 2021 세종도서 우수학술도서로 선정된 『데이터 사이언스 교과서』를 비롯하여 『엑셀로 배우는 머신러닝 초(超)입문 (AI의 얼개를 기본부터 설명한)』, 『엑셀로 배우는 순환 신경망·강화 학습 초(超)입문(RNN·DQN편)』, 『엑셀로 배우는 딥러닝(AI의 구조를 쉽게 이해할 수 있는 딥러닝 초(超)입문』, 『AI의 얼개를 기본부터 설명한 엑셀로 배우는 머신러닝 초(超)입문』, 『만화로 쉽게 배우는 우선 이것만! 통계학』, 『만화로 쉽게 배우는 수리 최적화』 등이 있다.

만화로 쉽게 배우는 시리즈

만화로 쉽게 배우는 **통계학**

다카하시 신 지음
김선민 번역
224쪽 / 17,000원

만화로 쉽게 배우는 **회귀분석**

다카하시 신 지음
윤성철 번역
224쪽 / 18,000원

만화로 쉽게 배우는 **인자분석**

다카하시 신 지음
남경현 번역
248쪽 / 16,000원

만화로 쉽게 배우는 **베이즈 통계학**

다카하시 신 지음
정석오 감역 / 이영란 번역
232쪽 / 17,000원

만화로 쉽게 배우는 **보건통계학**

다큐 히로시, 코지마 다카야 지음
이정렬 감역 / 홍희정 번역
272쪽 / 17,000원

만화로 쉽게 배우는 **데이터베이스**

다카하시 마나 지음
홍희정 번역
240쪽 / 18,000원

만화로 쉽게 배우는 **허수·복소수**

오치 마사시 지음
강창수 번역
236쪽 / 17,000원

만화로 쉽게 배우는 **미분방정식**

사토 미노루 지음
박현미 번역
236쪽 / 18,000원

만화로 쉽게 배우는 **미분적분**

코지마 히로유키 지음
윤성철 번역
240쪽 / 18,000원

만화로 쉽게 배우는 **선형대수**

다카하시 신 지음
천기상 감역 / 김성훈 번역
296쪽 / 18,000원

만화로 쉽게 배우는 **푸리에 해석**

시부야 미치오 지음
홍희정 번역
256쪽 / 18,000원

만화로 쉽게 배우는 **물리[역학]**

닛타 히데오 지음
이춘우 감역 / 이창미 번역
232쪽 / 17,000원

만화로 쉽게 배우는 **물리[빛·소리·파동]**

닛타 히데오 지음
김선배 감역 / 김진미 번역
240쪽 / 17,000원

만화로 쉽게 배우는 **양자역학**

이사카와 켄지 지음
가와바타 키요시 감수 / 이희천 번역
256쪽 / 18,000원

만화로 쉽게 배우는 **상대성 이론**

야마모토 마사후미 지음
닛타 히데오 감수 / 이도희 번역
188쪽 / 17,000원

만화로 쉽게 배우는 **열역학**

하라다 토모히로 지음
이도희 번역
208쪽 / 18,000원

※정가는 변동될 수 있습니다.

만화로 쉽게 배우는 시계열 분석

원제: マンガでわかる 時系列分析

2025. 7. 23. 1판 1쇄 인쇄
2025. 7. 30. 1판 1쇄 발행

저자 | 다카하시 이치로
그림 | 베아로
역자 | 권기태
제작 | Office sawa
펴낸이 | 이종춘
펴낸곳 | BM (주)도서출판 **성안당**
주소 | 04032 서울시 마포구 양화로 127 첨단빌딩 3층(출판기획 R&D 센터)
　　　10881 경기도 파주시 문발로 112 파주 출판 문화도시(제작 및 물류)
전화 | 02) 3142-0036
　　　031) 950-6300
팩스 | 031) 955-0510
등록 | 1973. 2. 1. 제406-2005-000046호
출판사 홈페이지 | www.cyber.co.kr
ISBN | 978-89-315-3541-9 (17410)
정가 | 18,000원

이 책을 만든 사람들

책임 | 최옥현
교정·교열 | 김해영
본문 디자인 | 김인환
표지 디자인 | 박원석
홍보 | 김계향, 임진성, 김주승, 최정민
국제부 | 이선민, 조혜란
마케팅 | 구본철, 차정욱, 오영일, 나진호, 강호묵
마케팅 지원 | 장상범
제작 | 김유석

성안당 Web 사이트

이 책은 Ohmsha와 BM (주)도서출판 **성안당**의 저작권 협약에 의해 공동 출판된 서적으로, BM (주)도서출판 **성안당** 발행인의 서면 동의 없이는 이 책의 어느 부분도 재제본하거나 재생 시스템을 사용한 복제, 보관, 전기적·기계적 복사, DTP의 도움, 녹음 또는 향후 개발될 어떠한 복제 매체를 통해서도 전용할 수 없습니다.

■ 도서 A/S 안내

성안당에서 발행하는 모든 도서는 저자와 출판사, 그리고 독자가 함께 만들어 나갑니다.
좋은 책을 펴내기 위해 많은 노력을 기울이고 있습니다. 혹시라도 내용상의 오류나 오탈자 등이 발견되면 **"좋은 책은 나라의 보배"**로서 우리 모두가 함께 만들어 간다는 마음으로 연락주시기 바랍니다. 수정 보완하여 더 나은 책이 되도록 최선을 다하겠습니다.
성안당은 늘 독자 여러분들의 소중한 의견을 기다리고 있습니다. 좋은 의견을 보내주시는 분께는 성안당 쇼핑몰의 포인트(3,000포인트)를 적립해 드립니다.
잘못 만들어진 책이나 부록 등이 파손된 경우에는 교환해 드립니다.